高校生からわかる
複素解析

専門数学への懸け橋

涌井 良幸
Yoshiyuki Wakui

はじめに

　高校を卒業して理工系や医学系、社会科学系に進学すると、まずは、それぞれの世界で使われる専門の数学を学ぶことになる。しかし、**専門の数学と高校数学の間には深くて大きな溝**がある。多くの学生はそのギャップを埋めるのに大変な苦労をする。「学問に苦労はつきもの」とはいっても、そこで挫折し、乗り越えられず、学ぶことを放棄してしまう人が少なくない。非常に残念であり、もったいない。

　専門の数学を本で学ぶときに苦労するのは、多くの場合、数学そのものの難しさではない。それは、あえて言ってしまえば、本の記述に原因があることが多い。つまり、「これぐらいは知っているだろう」と説明が省略されていたり、紙数の関係で解説が不十分であったり、抽象的な事柄に終始したり、論理に飛躍があったり……などである。実は、専門数学の大事な分野である「複素解析」の場合も例外ではない。

　「複素解析」は虚数 (imaginary number) が主役となる。このことからして、すでに腰が引けてしまいがちだ。何しろ、高校数学では2次方程式が必ず解をもつようにするため、「やむを得ず導入した虚しい数」として虚数が登場したのである。そのため、虚数にはかなりのマイナー感がある。

　しかし、これから、複素解析を学ぶとわかることなのだが、**実数と虚数をあわせた複素数の範囲で関数やその微分、積分を論じることによって、それまで学んできた数学の視界がウソのように一挙に広がる**のである。もちろん、単に数学の視界が広がるだけでない。理学、工学、社会科学……といった応用科学の分野で、複素解析は欠かせない強力な道具として使われている。**複素解析を知らずして、数学のみならず科学一般が語れないと**

いわれるのは、このためである。

　本書は、教員であった著者がその経験をもとに、高校数学と専門数学のギャップを埋める目的で編集を試みた複素解析の入門書である。専門の複素解析を学ぶ前に、または、専門の複素解析が難しいと感じたら、まず、本書で複素解析の基本教養を身につけていただきたい。

　もし可能ならば、大学生でなくても、高校在学中、または大学生になって講義が始まる前に、本書で複素解析の基本教養を身につけておくことをお薦めしたい。そうすれば、その後のさまざまな専門数学の勉強がすごく楽になると思われるからだ。

　なお、複素解析はそれ自身、大変面白いものである。この本が、学生に限らず数学に興味のある読者の方にも利用して頂ければ幸いである。

　最後になりますが、本書の企画の段階から最後までご指導くださったベレ出版の坂東一郎氏、編集工房シラクサの畑中隆氏の両氏に、この場をお借りして感謝の意を表わさせていただきます。

　2018 年 7 月

涌井良幸

本書の使い方

● 時を置き、場所を変え

　数学の勉強は、単なる知識の習得とは違い、考え方そのものを学習するものだ。そして、新たな考え方に慣れ、それを使えるようになるには相当な時間とエネルギーが必要となる。

　この本でも、当然、できる限りていねいに、そしてわかりやすく説明を試みたつもりだが、そうはいっても、1回や2回の通読では理解が深まらないこともあると思う。そのような時は、すぐに諦めないでほしい。少し時間を置き、場所を変え、何回かチャレンジしてほしい。「読書百遍義自ずから見る」という通り、複素解析の素晴らしい世界があなたにも見えてくるはずである。

　そして、ひと通り理解できたら、その後は、節末の〈note〉に何回も目を通し、これらの公式を頭にとどめてほしい。この記憶があると、今後の学習の大きな助けとなるからだ。

● 基本的な考え方を優先

　この本は複素解析の「基本的な考え方」の理解を優先したため、数学の厳密さを多少欠く場合があることをお許し願いたい。また、本書は複素関数そのものとその微分・積分、そしてその典型的な応用に絞った本である。したがって、本書によって基本が理解できたら、必要に応じて複素解析の専門書に挑戦してほしい。きっと、本書で学んだことで、すんなり、専門の世界に飛び込んでいけるはずである。

高校生からわかる 複素解析 もくじ

はじめに　3
本書の使い方　5
ギリシャ文字と数学の記号　10

プロローグ　複素解析を学ぶ前に　11

◎　複素解析って、なんだ？　12

第1章　複素数と複素関数　21

1-1　複素数とは何か　22
1-2　i は虚しい数か　24
1-3　複素数を図示した複素平面　26
1-4　複素数の＋、−、×、÷　27
1-5　複素数の極形式　30
1-6　ド・モアブルの定理　32
1-7　平面図形の複素数表示　38
1-8　複素関数とは　40
1-9　複素関数のグラフ　42
1-10　一価関数と多価関数　47

第2章 いろいろな複素関数　51

- 2-1　多項式関数と有理関数　52
- 2-2　オイラーの公式　58
- 2-3　指数関数 e^z の定義　60
- 2-4　指数関数 e^z の性質　62
- 2-5　指数関数 e^z の振る舞い　64
- 2-6　三角関数 $\cos z$、$\sin z$ の定義　67
- 2-7　三角関数 $\cos z$、$\sin z$ の性質　69
- 2-8　三角関数 $\cos z$、$\sin z$ の振る舞い　73
- 2-9　対数関数 $\log_e z$ の定義　76
- 2-10　対数関数 $\log_e z$ の性質　81
- 2-11　対数関数 $\log_e z$ の振る舞い　83
- 2-12　ベキ関数 z^a の定義　86
- 2-13　ベキ関数 z^a の性質　88
- 2-14　ベキ関数 z^a の振る舞い　95

第3章 実関数の微分・積分　99

- 3-1　関数の連続　100
- 3-2　微分可能　101
- 3-3　導関数　103
- 3-4　合成関数の微分法　105
- 3-5　逆関数の微分法　107
- 3-6　偏微分　109
- 3-7　よく使われる偏導関数の性質　113
- 3-8　積分の定義　115
- 3-9　置換積分法　121

第4章 複素関数の微分 125

- 4-1 複素関数の連続　126
- 4-2 複素関数の微分可能　129
- 4-3 複素関数の導関数　136
- 4-4 微分可能（正則）とコーシー・リーマンの方程式　140
- 4-5 複素関数の微分の公式　146
- 4-6 いろいろな複素関数の導関数　148

第5章 複素関数の積分 155

- 5-1 実関数の線積分　156
- 5-2 複素関数の積分　160
- 5-3 複素積分の基本計算　169
- 5-4 閉曲線と領域　171
- 5-5 コーシーの積分定理　173
- 5-6 積分路の変更　179
- 5-7 多重連結領域と周回積分　183
- 5-8 不定積分を用いた定積分の計算　189
- 5-9 コーシーの積分公式　192
- 5-10 グルサの公式　198

第6章 複素関数の級数展開 203

- 6-1 ベキ級数と収束域　204
- 6-2 正則関数のベキ級数展開　210
- 6-3 特異点を中心としたローラン展開　216

6-4	留数と留数定理	226
6-5	関数の拡張と解析接続	238

エピローグ　橋渡しの最後に　243

◎　専門数学への橋渡し　244

付録　249

1	なぜ $e^{i\theta} = \cos\theta + i\sin\theta$ なのか	250
2	リーマン積分	253
3	コーシー・リーマンの方程式の逆	254
4	全微分	255
5	極形式で表わされたコーシー・リーマンの方程式	258
6	$W(z, \bar{z})$ 判定法	262
7	平面におけるグリーンの定理	265
8	2重積分	270
9	ML 不等式	275
10	実関数のテイラーの定理・マクローリンの定理	277
11	1次分数関数と反転	279
12	多価関数とリーマン面	280

索　引　283

◎ギリシャ文字と数学の記号

複素解析では英語のアルファベットの他にギリシャ文字がよく使われる。一覧表を掲載したので参考にしてほしい。

●ギリシャ文字

大文字	小文字	読み方
A	α	アルファ
B	β	ベータ
Γ	γ	ガンマ
Δ	δ	デルタ
E	ϵ	イプシロン
Z	ζ	ゼータ
H	η	エータ
Θ	θ	シータ
I	ι	イオタ
K	κ	カッパ
Λ	λ	ラムダ
M	μ	ミュー

大文字	小文字	読み方
N	ν	ニュー
Ξ	ξ	グザイ
O	o	オミクロン
Π	π	パイ
P	ρ	ロー
Σ	σ	シグマ
T	τ	タウ
Υ	υ	ウプシロン
Φ	ϕ	ファイ
X	χ	カイ
Ψ	ψ	プサイ
Ω	ω	オメガ

●本書では虚数単位（2乗すると－1になる数）を表わす記号としてiを採用している。ただし、他の本ではjを使うことがある。例えば電磁気学ではjを使うことが多いが、これは電流にiを使うからである。

プロローグ

複素解析を学ぶ前に

◉ 複素解析って、なんだ？

　複素数については、読者の多くは高校ですでに学んでいるはずだ。つまり、「2乗して -1 になる数 i（これを **虚数単位** という）を用いて $a+bi$ と書ける数」のことである（ただし、a, b は実数）。それでは、この複素数と関係があると思われる複素解析とは何だろうか。

　複素解析（complex analysis：複素関数ともいう）は、複素関数、つまり、**変数が複素数である関数の微分法、積分法を扱う数学** である。また、さらに、複素関数を使って理学や工学などで扱う現象を解析することも複素解析の仕事である。現代において複素解析は応用数学を含むいろいろな数学、理学、工学、社会科学など広範囲の分野で利用されている。このように利用価値の高い複素解析をこれから学ぶわけである。

　これに先だって、まずは、以下の解説を一読してほしい。複素解析を学習する意義を実感できると思われるからである。ただし、ここに出てくる数式の意味やその成立根拠などについて考える必要はまったくない。「そうなのか」と読み飛ばしてもらってけっこうである。

● 複素関数と実関数は「天と地」の違い

　中学高校で学んだ関数 $f(x)=x^2$ は変数 x が実数で、関数値 $f(x)$ も実数である。例えば、

$$f(3)=3^2=9$$

のように。このような関数は **実関数** と呼ばれている。これに対して、変数 z が複素数である関数 $f(z)=z^2$ の場合、関数値 $f(z)$ も複素数である。例えば、

$$f(2+3i)=(2+3i)^2=4-9+12i=-5+12i$$

のように。このような関数が **複素関数** である。

これから学ぶ複素解析では $f(z)=z^2$ のような、変数が複素数 z である複素関数 $f(z)$ が主役になる。ここで例示した $f(x)=x^2$ と $f(z)=z^2$ の式だけを見てみると、複素関数 $f(z)$ は実関数 $f(x)$ の実数 x を単に複素数 z に変えただけのように見える。

　しかし、これは単なる書き換えではない。これら**実関数と複素関数の間には、天と地ほどの違いがある**。例えば、実関数が地球上でのみ通用する関数を論じているとすれば、複素関数は宇宙全体で通用する関数を論じているようなものだ。このことは、本書を読むにつれてわかってくるだろう。

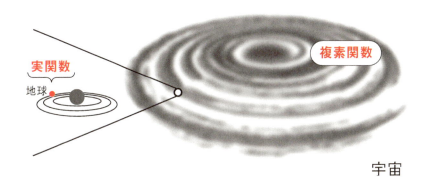

●高所から広い視野で数学を見ることができる

　実関数を地球上で扱う関数に例え、複素関数を宇宙空間で扱う関数に例えたことからもわかるように、**複素関数のスケールは途方もなく大きく、美しい**。数学をかじったからには、複素解析を知らずに人生を終えては非常に残念と思う。「井の中の蛙、大海を知らず」である。

　複素解析は実学（応用）としての価値も非常に大きいが、純粋に数学として見るだけでも驚きと感動の世界である。しかも、ありがたいことに複素解析はわかりやすい数学でもある。

●理学や工学は複素解析が活躍する世界

これから学ぶことであるが、複素数と三角関数 sin、cos は非常に相性がよい。つまり、虚数単位を i、θ を実数、e を**ネイピアの数** 2.71828… とするとき、

$$e^{i\theta} = \cos\theta + i\sin\theta$$

という関係で結ばれている。**オイラーの公式**だ（§2-2）。そのため三角関数が絡んだ問題、すなわち、回転や振動や波動などの問題は、自然に複素解析の世界で論じることができる。例えば、身近な音や光、電波はすべて「波」であるから、当然、これらは複素解析のまな板にのせて料理することができる。

以下に、理学や工学の分野で複素解析が使われている例をいくつか紹介しておこう。

（1）量子力学で活躍する複素解析

量子力学とは、原子や電子といったミクロの粒子の運動を扱う学問である。身のまわりのほとんどすべての電化製品は、根本を探れば量子力学の法則に基づいて動いている。光通信や医療などで使われるレーザー、リニ

アモーターカーに使われる超電磁誘導磁石、コンピュータ……このような世界では量子力学が大活躍している。

このような量子力学の世界において、例えば、かの有名な次の**シュレディンガー方程式**はまさしく虚数単位 i を使って表現されている。

$$\hat{H}\psi(x,\,t) = i\hbar\frac{\partial}{\partial t}\psi(x,\,t)$$

ここで、$\hat{H}$ はハミルトニアンと呼ばれる演算子、$\hbar$ はプランク定数、$\psi(x,\,t)$ は x 方向に伝わる平面波を表わしている。

（2）電磁気学で活躍する複素解析

電磁気学は名前の通り、「電気と磁気」に関する現象を扱う学問である。身のまわりのほとんどすべての電化製品は電磁気学の応用でできている。また、自動車も今や電気自動車の時代に突入しようとしている。

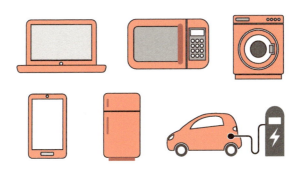

このような電磁気学の世界でも複素解析は大事な役割を演じている。

例えば、複素数表示の電圧 $\hat{V}(t) = V_0 e^{iwt}$、複素数表示の電流 $\hat{I}(t) = I_0 e^{iwt-i\theta}$、それに複素インピーダンス $z = \dfrac{\hat{V}(t)}{\hat{I}(t)}$ などを利用して時間的に変化する電流回路を解析している。

（3）流体力学で活躍する複素解析

流体力学は流体に働く力、流体の運動状態、流体がその中の物体に及ぼす力などを論じる学問である。この学問も我々の日常生活に密着している。つまり、空気や水などの流体に関わる現象は生活そのものである。したがって、これらを理解しコントロールする技術は大変重要である。

この流体力学の世界でも複素解析は活躍している。例えば、次の**複素ポテンシャル**と呼ばれる関数 f が利用されている。

$$f = \varphi + i\psi$$

ここで、φ は速度ポテンシャル、ψ は流れ関数と呼ばれるものである。

このような複素関数を考えることで複素関数の理論が使えて見通しがよくなるのである。

●複素関数を使って実数の世界では困難な問題を解決

（1）いろいろな微分方程式が解けるようになる

自然現象や社会現象は**微分方程式**で表現されることが多い。このとき、

感力を発揮するのが複素関数を利用した微分方程式の解法である。

例えば、次の線形2階微分方程式といわれるものを見てみよう。
$$y'' - 2y' + 5y = 0$$
この解は複素指数関数 e^z を利用すると、次の一般解を得ることができる。
$$y = C_1 e^{(1+2i)x} + C_2 e^{(1-2i)x} \qquad x は実数、C_1、C_2 は複素数の積分定数$$
この式から、実数の世界での解として次の式を得る。
$$y = C_3 e^x \cos 2x + C_4 e^x \sin 2x \qquad x は実数、C_3、C_4 は実数の積分定数$$

(2) 複素関数を使うと実関数の積分計算が簡単になる

例えば、$\int_{-\infty}^{\infty} \dfrac{dx}{1+x^2}$ の計算は、複素関数 $\dfrac{1}{1+z^2}$ を、原点を中心とし半円周 C 上で積分する $\int_C \dfrac{dz}{1+z^2}$ を計算することにより $\int_{-\infty}^{\infty} \dfrac{dx}{1+x^2} = \pi$ を得ることができる。

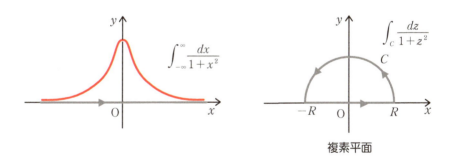

複素平面

$\int_{-\infty}^{\infty} \dfrac{dx}{1+x^2}$ の計算だけならば $x = \tan\theta$ と置換積分すれば解決するが、一般に実関数の積分は容易ではない。このようなときに複素関数の積分が威力を発揮する。もちろん、その際、本書で学ぶ複素関数に関する諸定理が使われることになる。

●理工学でよく使われるフーリエ解析は複素関数が前提

（1）フーリエ級数の簡単表現

関数を三角関数 sin、cos の和で表現するという考え方がある。これが **フーリエ級数** の理論である。例えば、$-\frac{T}{2} \leq t \leq \frac{T}{2}$ で定義された関数 $f(t)$ は次のように sin、cos の和で表わせる。

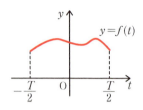

$$f(t) = a_0 + \sum_{n=1}^{\infty}\left(a_n\cos\frac{2n\pi t}{T} + b_n\sin\frac{2n\pi t}{T}\right)$$

ただし、$a_0 = \frac{1}{T}\int_{-\frac{T}{2}}^{\frac{T}{2}} f(t)dt$　　$a_n = \frac{2}{T}\int_{-\frac{T}{2}}^{\frac{T}{2}} f(t)\cos\frac{2n\pi t}{T}dt$

$b_n = \frac{2}{T}\int_{-\frac{T}{2}}^{\frac{T}{2}} f(t)\sin\frac{2n\pi t}{T}dt$　（n は自然数）

このフーリエ級数展開は、複素指数関数 e^{it} を使うと次のように簡潔に表現できる。

$$f(t) = \sum_{n=-\infty}^{n=\infty} c_n e^{i\frac{2\pi n t}{T}}$$　ただし、$c_n = \frac{1}{T}\int_{-\frac{T}{2}}^{\frac{T}{2}} f(t)e^{-i\frac{2\pi n t}{T}}dt$　（n は整数）

それに、複素指数関数 e^{it} を使うメリットは表現が簡単になるだけではない。sin、cos の場合、微分や積分をすると sin は cos に、cos は sin に変化してしまうが、指数関数の場合の微分・積分では基本的には指数関数のままである。そのため、計算処理も簡単になるのである。

（2）フーリエ変換やラプラス変換は複素関数の微分・積分

理学や工学でよく使われる関数 $f(t)$ のフーリエ変換やラプラス変換はまさしく複素関数の微分・積分である複素解析の教養は欠かせない。

フーリエ変換	$F(\omega) = \int_{-\infty}^{\infty} f(t)e^{-i\omega t} dt$
逆フーリエ変換	$f(t) = \dfrac{1}{2\pi} \int_{-\infty}^{\infty} F(\omega)e^{i\omega t} d\omega$
ラプラス変換	$F(s) = \int_{0}^{\infty} f(t)e^{-st} dt$
逆ラプラス変換	$f(t) = \dfrac{1}{2\pi i} \int_{c-i\infty}^{c+i\infty} F(s)e^{st} ds$

ただし、上記t、ωは**実数**、iは**虚数単位**、sは**複素数**。

理学や工学では現象を微分方程式で表現し、これを解くことによって問題を解明していくが、一般に、微分方程式を解くことは簡単ではない。こんなときに、フーリエ変換やラプラス変換を活用することによって、代数方程式を解くように微分方程式が解けるようになるのである。

●その他の世界でも

複素解析が頻繁に使われるのは、理学、工学の分野だけではない。経済学などの社会科学の分野でも広く使われている。例えば、社会科学で扱う現象を微分方程式を立てて解明していくときには、理学、工学のときと同様、複素関数の積分であるフーリエ変換やラプラス変換などを用いると簡単に解けることがある。

このように、どの分野においても、現象を数学のまな板の上に乗せることができれば、複素解析を使っての問題解決の可能性が出てくるのである。

例えば、右の図のような株価の変動を解析する場合、フ

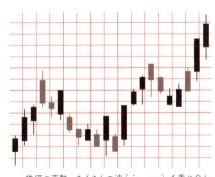

株価の変動…たくさんの波（sin、cos）を重ね合わせたものと考える

ーリエ解析の技法を用いることができる。つまり、複素解析が使われることになる。

● 少しでも早めに学んでおいて損はない！

複素解析が使われている世界をいくつか紹介したが、理学や工学、社会科学などいろいろな分野で複素解析は道具として使われている。

したがって、人生の早い時期に複素解析の教養を深めておくことは、いろいろな可能性を広げることにもつながる。もちろん、高校生から始めても決して早すぎはしない。

まずは、本書で扱う基本だけでも教養として身につけておこう。また、ついでに「**ベクトル解析**」「**フーリエ解析**」……と解析学の輪を広げていくとおもしろい。

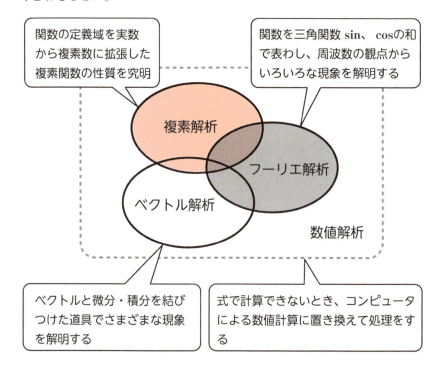

第 1 章

複素数と複素関数

複素数は高校の数学で初めて学んだ。その際、この数は現実には存在しない数であるかのように扱われた。しかし、この数によって数学をはじめ、いろいろな分野の理論がスッキリと美しくまとめ上げられるのである。複素数を抜きにして諸科学は語れないのだ。

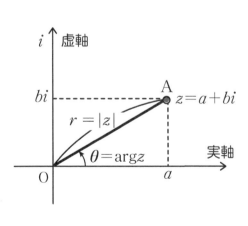

1-1 複素数とは何か

実数は、どんな数でも平方すると0以上の値となる。したがって、$x^2+1=0$ つまり $x^2=-1$ となる実数xは存在しない。ということは、実数の世界では、こんな単純な方程式 $x^2+1=0$ すら解くことができない。これに解をもたせるためには新たな数を用意する必要がある。

●虚数単位

実数の世界では $x^2=-1$ となる実数xは存在しない。そこで、平方して-1になる数を考えて、これを文字iで表わし**虚数単位**と呼ぶことにする。つまり、iは $i^2=-1$ を満たす数である。

すると、$1=-i^2$ だから、正の数aに対して、$z^2+a=0$は次のように変形できる。

$$z^2+a=z^2-ai^2=(z+\sqrt{a}\,i)(z-\sqrt{a}\,i)=0$$

ゆえに、2次方程式$z^2+a=0$の解は$\sqrt{a}\,i$と$-\sqrt{a}\,i$の2つ存在することになる。$x^2+a=0$ は$x^2=-a$ と書けるので、$\sqrt{a}\,i$と$-\sqrt{a}\,i$はともに$-a$の平方根である。そこで、正の数aについて

$$\sqrt{-a}=\sqrt{a}\,i$$

と定義する。とくに、$\sqrt{-1}=i$ となる。

●複素数とは

$a+bi$の形（a, bは実数、iは虚数単位）に表わされる数を**複素数**という。このとき、aを **実部**、bを **虚部**という。また、複素数zの実部を $\mathrm{Re}(z)$、虚部を $\mathrm{Im}(z)$ などと書く。なお、複素数は虚部bが0であるかどうかで次のように分類される。

複素数 $a+bi$
(complex number)
$\begin{cases} b=0 \text{ のとき } a+bi \text{ は実数} \\ \qquad\qquad\qquad\qquad\text{(real number)} \\ b \neq 0 \text{ のとき } a+bi \text{ は虚数} \\ \qquad\qquad\qquad\qquad\text{(imaginary number)} \end{cases}$

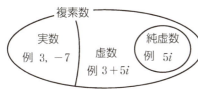

（注）$a=0, b \neq 0$ のときの複素数 bi を**純虚数**という。なお、複素数は実部と虚部の複数からなる数だから複素数（complex number）という。

Note 複素数とは何か

(1) 2乗して -1 となる数を i と表わし**虚数単位**という。

　　（注）i は虚数（imaginary number）の頭文字。電磁気学では電流と区別するため j を利用。

(2) $\sqrt{-1}=i$、$\sqrt{-a}=\sqrt{a}\,i \quad (a>0)$

(3) 2つの実数 a, b と虚数単位 i を用いて $a+bi$ の形に表わされる数を**複素数**という。

もう一歩進んで 四元数

　自然数からスタートして整数、有理数、実数、複素数と必要に応じて数を拡張してきたが、さらに**四元数**というものも考えられている。複素数は実部と虚部で構成されているので複素数と名付けられたが、別名、**二元数**とも呼ばれている。これに対して4つの要素から構成されている**四元数**もあり、ハミルトン（1806〜1871）によって考え出されたもので、$a+bi+cj+dk$ などと表現される。

1-2 i は虚しい数か

虚数単位 i は、2次方程式 $x^2+1=0$ の解として導入された。つまり、i は $i^2=-1$ を満たす数であり、この i を用いた $a+bi$ を **虚数**（imaginary number）と名付けたのである（ただし、a、b ($\neq 0$) は実数）。このように説明されると、虚数はその名の通り、「現実には存在しない数」のように思われてくる。これでは i が少しかわいそうである。そこで、ここでは虚数単位 i を「回転」という観点から見てみることにしよう。

●-1 は 180°回転を表わす数である

実数の世界で考えると、「-1」という数には特別な意味がある。そのことを数直線で見てみることにしよう。

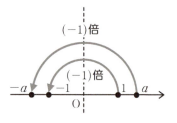

例えば、1という実数に -1 を掛けると -1 となる。このことは、1 は -1 を掛けることによって、**原点 O に関して対称な位置にある -1 に移された**、と考えられる。また、a という実数に -1 を掛けると $-a$ になり、a は原点 O に関して対称な位置にある $-a$ に移された

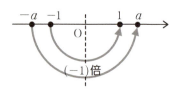

と考えられる。これらはいずれも **180°の回転移動** である。-1 や $-a$ に「-1」を掛けた場合も同様である。

●90°回転を表わす数は何か

原点を中心に 180°回転を表わす数が -1 であれば、90°回転を表わす

数があってもおかしくない。そこで、この数を x としてみると、数直線上の数 a を原点 O を中心に 90°回転した数は ax と書けることになる。ただし、この ax は、当然、数直線上におさまらない。

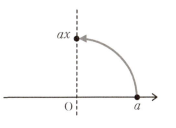

そこで右図のように平面の世界で考えることになる。

ここで、数直線上の数 a を原点 O を中心に 90°回転した数 ax を、さらに、90°回転させた数は $(ax)x = ax^2$ となる。これは、数 a を原点 O を中心に 180°回転した数 $-a$ に等しくなる。

よって、$ax^2 = -a$

ゆえに、$x^2 = -1$ ……①

つまり、原点を中心に 90°回転を表わす数 x は①を満たすことがわかる。

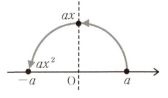

そこで、①を満たす x を記号 i で表わし、これを「**虚数単位**」と呼ぶことにする。つまり、i は $i^2 = -1$ を満たす数である。すると、数直線上の数 a を原点 O を中心に 90°回転した数は ai と書ける。また、数直線上の数 $-a$ を原点 O を中心に 90°回転した数は $-ai$ と書ける。

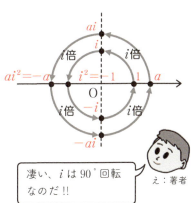

凄い、i は 90°回転なのだ!!

え：著者

---

 i は虚しい数か

　回転という考え方をすると、虚数単位 i はにわかに実感を帯びてくる。つまり、ある数に i を掛けると、その数は原点を中心に 90°回転した数になるのである。

1-3 複素数を図示した複素平面

実数は数直線上の点と1:1に対応しているので、実数の性質を図形的に解釈するにはこの数直線が便利である。
それでは複素数に対してはどのようなものがあるのだろうか。

●複素平面（複素数平面、ガウス平面）

　実数aだけを扱う場合、それを図で表わすときには1次元の図形である数直線を用いた。ところが、複素数$\alpha = a + bi$を数直線で表わすには無理がある。なぜならば、複素数$z = a + bi$ は2つの実数a、bの組で表現されるからである。そのため、横座標をa、縦座標をbとする座標平面上の点(a, b)を用いて複素数$z = a + bi$を表わすことにする。

　このとき、この平面を**複素平面**（または、**複素数平面**、**ガウス平面**）という。また、横軸、縦軸はそれぞれ実（数）軸、虚（数）軸と呼ばれている。この平面は複素数を理解する上で極めて重要である。このように、複素数を平面上の点と表示することによって複素数の存在感が高まったといえる。

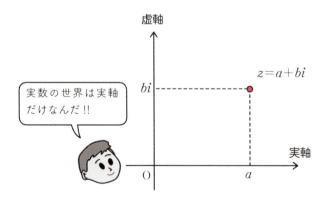

（注）高校の教科書では「複素数平面」という名称を使っている。

1-4 複素数の ＋、－、×、÷

複素数 $a+bi$ の四則計算 ＋、－、×、÷ はどのようになるのだろうか。
実数のときとの違いは何だろうか？

●「2つの複素数が等しい」とは？

まずは、2つの複素数が等しいとはどういうことかを定義する。

2つの複素数を $a+bi$、$c+di$ とすると、「$a=c$ かつ $b=d$」のとき等しいといい、「$a+bi=c+di$」と書く。特に、$0=0+0i$ なので次の同値関係「$a+bi=0 \Leftrightarrow a=0$ かつ $b=0$」が成立する。

●複素数の四則計算とは？

a、b、c、d を実数、i を虚数単位として2つの複素数を $a+bi$、$c+di$ とする。このとき、複素数の加法、減法、乗法、除法を次のように定義する。

(1) $(a+bi)+(c+di)=(a+c)+(b+d)i$

(2) $(a+bi)-(c+di)=(a-c)+(b-d)i$

(3) $(a+bi)(c+di)=(ac-bd)+(ad+bc)i$

(4) $\dfrac{a+bi}{c+di}=\dfrac{ac+bd}{c^2+d^2}+\dfrac{bc-ad}{c^2+d^2}i$ 　左辺の分母と分子に $c-di$ を掛けると右辺になる

この定義式は覚える必要がない。なぜなら、この計算は虚数単位 i を文字のように考え、実数における四則計算の法則に従って計算し、i^2 が出てきたら -1 で置き換えたものと同じだからである。

上記のように複素数の四則計算を定めると、複素数全体の集合は加法、減法、乗法、除法（0で割る場合は除く）について**閉じている**（複素数の

中で自由に計算できる）こと、加法、乗法に関する交換法則、結合法則、乗法に関する分配法則の成り立つことがわかる。

複素数の四則計算の定義は素晴らしいのよ。実数の世界での文字式の計算と同じよ。ただ、i^2 が出てきたらそれを -1 と置き換えればいいのよ。

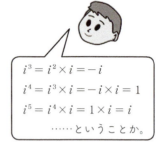

$i^3 = i^2 \times i = -i$
$i^4 = i^3 \times i = -i \times i = 1$
$i^5 = i^4 \times i = 1 \times i = i$
……ということか。

（注）集合 S がある演算 $*$ について閉じているということは、その集合の任意の要素を a, b とするとき $a * b$ がまた S の要素になるということである。

〔使ってみよう〕

(1) $(3+2i)+(5+7i) = (3+5)+(2+7)i = 8+9i$

(2) $(3+2i)-(5+7i) = (3-5)+(2-7)i = -2-5i$

(3) $(3+2i)(5+7i) = (15-14)+(21+10)i = 1+31i$

(4) $\dfrac{2+3i}{2-i} = \dfrac{(2+3i)(2+i)}{(2-i)(2+i)} = \dfrac{1+8i}{4+1} = \dfrac{1}{5} + \dfrac{8}{5}i$

●共役な複素数

複素数 $z = a + bi$ に対して虚部の符号を替えた複素数 $a - bi$ を z の **共役な複素数** といい、$\bar{z}$ と書く（z^* と $*$ を利用することもある）。共役な複素数には次の性質がある。

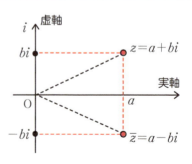

(1) 共役な複素数の和と積はともに実数である。

つまり、$z + \bar{z} =$ 実数、$z\bar{z} =$ 実数

(2) 複素数 z が実数、純虚数である条件は次のようになる。

z が実数である条件　⇔　$z = \bar{z}$

z が純虚数である条件　⇔　$z + \bar{z} = 0$、$z \neq 0$

(3) 共役な複素数の計算

$$\overline{z_1 \pm z_2} = \bar{z_1} \pm \bar{z_2}、\overline{z_1 z_2} = \bar{z_1}\,\bar{z_2}、\overline{\left(\frac{z_1}{z_2}\right)} = \frac{\bar{z_1}}{\bar{z_2}} \quad (z_2 \neq 0)$$

● 複素数の絶対値

複素数 $z = a + bi$ に対して、$\sqrt{a^2 + b^2}$ を z の絶対値といい、$|z|$ と書く。

つまり、$|z| = |a + bi| = \sqrt{a^2 + b^2}$

絶対値には次の性質がある。

$|z_1 z_2| = |z_1||z_2|$

$\left|\dfrac{z_1}{z_2}\right| = \dfrac{|z_1|}{|z_2|} \quad (z_2 \neq 0)$

$z\bar{z} = |z|^2$

$|z_1| \sim |z_2| \leq |z_1 \pm z_2| \leq |z_1| + |z_2|$

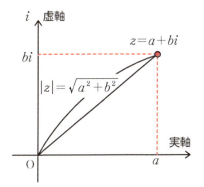

（注）記号「~」は、例えば「$p \sim q$」とあれば p と q のどちらか大きい方から小さい方を引くことを意味する。

複素数の四則計算

2つの実数 a、b と虚数単位 i を用いて $a + bi$ の形に表わされる数を**複素数**という。複素数の四則計算においては、虚数単位 i を文字のように考えて、実数における四則演算の法則に従って複素数を計算し、i^2 が出てきたら -1 で置き換えればよい。後述するが、複素平面で考えると、複素数の和や差はベクトルの和や差と、積や商は回転や逆回転と関連づけることができる。

1-5 複素数の極形式

平面上の点の位置は、原点からの距離 r と始線からの回転角 θ によって表わすことができる（極座標）。極座標の始線を複素平面の実軸にあわせることにより、複素数 $z = a + bi$ は回転角と原点からの距離によって表現できる。

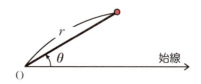

●極形式（極座標表示）

複素数 $z = a + bi$ が複素平面に対応する点を A とし、$|z| = \mathrm{OA} = r$、OA と実軸のなす角を θ とすると、

$$z = a + bi = r(\cos\theta + i\sin\theta)$$

と書ける。この表現を **複素数の極形式**（**極座標表示**）という。また、θ のことを **偏角** といい、複素数 z の偏角を **arg$z$** と書くことにする。つまり、

$$\theta = \arg z$$

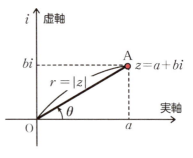

ここで、注意しなければいけないことは、与えられた複素数 z に対して、原点との距離 r は唯一決まるが、その偏角 θ は一通りには決まらないということである。つまり、2π の整数倍を加えても、同じ複素数を表わすことになる。このことを **偏角の不定性** という。そこで、複素数 z の偏角 θ を 2π の範囲に限定し、通常、$0 \leqq \theta < 2\pi$ または $-\pi < \theta \leqq \pi$ を満たすものを **偏角の主値** といい、大文字を使って **Arg$z$** と表わすことにする。すると、複素数 z の偏角の主値を θ_0 とすると、

$$\arg z = \mathrm{Arg}\, z + 2n\pi = \theta_0 + 2n\pi \quad (n\text{は整数})$$

となる。したがって、次の等式が成立する。

$$z = a + bi = r(\cos\theta + i\sin\theta) = r(\cos(\theta_0 + 2n\pi) + i\sin(\theta_0 + 2n\pi))$$

$$n = 0, \pm 1, \pm 2, \pm 3, \cdots$$

（注1）同じ複素数 z が無数の極形式表示と一致することは今後の複素関数における多価関数（関数値が複数ある関数）の問題と深く関係することになる。

（注2）複素数 z の偏角を表わす **arg$z$** の arg は argument の略で「アーギュメント」と呼ぶ。

（注3）複素解析では角の単位はラジアンを使用する（360°＝2πラジアン）。

● $r\theta$ 平面と複素平面

複素数 $z = a + bi$ を極形式で表現した場合、z の偏角は周期 2π の不定性がある。このことを横軸に r 軸、縦軸に θ 軸をとった **$r\theta$ 平面**に図示すると次のようになる。つまり、$r\theta$ 平面上の無数の点が複素平面の1点に対応しているのである。

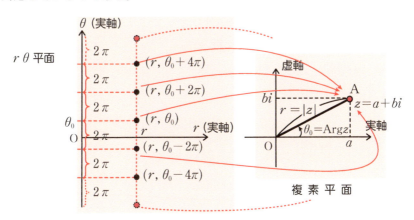

 距離と回転角を用いた極形式

複素平面において、z と原点との距離を r とし、z と実軸のなす角を θ とすると、$z = r(\cos\theta + i\sin\theta)$ と書ける。これを複素数 z の極形式という。

1-6 ド・モアブルの定理

複素数 $z = a + bi$ を極形式で $z = r(\cos\theta + i\sin\theta)$ と表現すると、複素数同士の掛け算、割り算の図形的意味が「回転」であることがわかる。

●掛け算は回転、割り算は逆回転？

複素数 $z = a + bi$ が複素平面に対応する点を A とし、$|z| = $ OA $= r$、OA と実軸のなす角を θ とすると、

$$z = r(\cos\theta + i\sin\theta)$$

と書ける。このように極形式で表現すると、掛け算や割り算の図形的な意味が見えてくる。このことを調べてみよう。

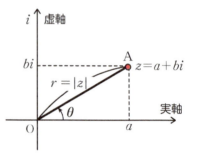

2つの複素数 z_1、z_2 が極形式表示で次のように与えられているとする。

$$z_1 = r_1(\cos\theta_1 + i\sin\theta_1)、\quad z_2 = r_2(\cos\theta_2 + i\sin\theta_2)$$

このとき、三角関数の加法定理を使うと、

$$\begin{aligned}
z_1 z_2 &= r_1(\cos\theta_1 + i\sin\theta_1) r_2(\cos\theta_2 + i\sin\theta_2) \\
&= r_1 r_2 \{(\cos\theta_1\cos\theta_2 - \sin\theta_1\sin\theta_2) + i(\cos\theta_1\sin\theta_2 + \sin\theta_1\cos\theta_2)\} \\
&= r_1 r_2 (\cos(\theta_1 + \theta_2) + i\sin(\theta_1 + \theta_2))
\end{aligned}$$

となる。よって積の複素数の絶対値と偏角について次のことが成立する。

$$|z_1 z_2| = r_1 r_2 = |z_1||z_2|、\quad \arg(z_1 z_2) = \theta_1 + \theta_2 = \arg z_1 + \arg z_2$$

したがって、z_1 に z_2 を掛けて得られる数 $z_1 z_2$ は、z_1 の絶対値を $|z_2|$ 倍にし、原点を中心にさらに $\arg z_2$ だけ回転した数になる(次ページ左図)。

また、

$$\frac{z_1}{z_2} = \frac{r_1(\cos\theta_1 + i\sin\theta_1)}{r_2(\cos\theta_2 + i\sin\theta_2)} = \frac{r_1}{r_2} \frac{(\cos\theta_1 + i\sin\theta_1)(\cos\theta_2 - i\sin\theta_2)}{(\cos\theta_2 + i\sin\theta_2)(\cos\theta_2 - i\sin\theta_2)}$$

$$= \frac{r_1}{r_2}(\cos\theta_1 + i\sin\theta_1)(\cos\theta_2 - i\sin\theta_2) \quad \cdots\cdots \quad \cos^2\theta_2 + \sin^2\theta_2 = 1$$

$$= \frac{r_1}{r_2}\{(\cos\theta_1\cos\theta_2 + \sin\theta_1\sin\theta_2) + i(-\cos\theta_1\sin\theta_2 + \sin\theta_1\cos\theta_2)\}$$

$$= \frac{r_1}{r_2}(\cos(\theta_1 - \theta_2) + i\sin(\theta_1 - \theta_2))$$

よって、商の複素数の絶対値と偏角について次のことが成立する。

$$\left|\frac{z_1}{z_2}\right| = \frac{r_1}{r_2} = \frac{|z_1|}{|z_2|}, \quad \arg\left(\frac{z_1}{z_2}\right) = \theta_1 - \theta_2 = \arg z_1 - \arg z_2$$

したがって、z_1 を z_2 で割った数 $\dfrac{z_1}{z_2}$ は、z_1 の絶対値を $|z_2|$ で割ったものを、原点を中心に $\arg z_2$ だけ逆回転した数になる（右下図）。

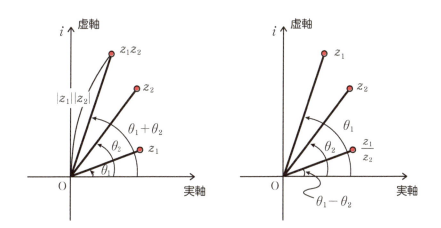

● i を掛ければ 90°回転、-1 を掛ければ 180°回転

複素数 z に i を掛けるということは $i = \cos\frac{\pi}{2} + i\sin\frac{\pi}{2}$ より $\frac{\pi}{2}$、つまり、90°回転することになる。また、複素数 z に -1 を掛けるということは $-1 = \cos\pi + i\sin\pi$ より π 回転、つまり、180°回転することになる。このことから実数 a に -1 を掛けると数直線上で原点を中心に反対側に折り返されることが複素数の観点からもわかる。

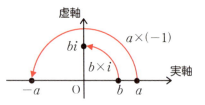

● ド・モアブルの定理

先に証明した

$$r_1(\cos\theta_1 + i\sin\theta_1)r_2(\cos\theta_2 + i\sin\theta_2)$$
$$= r_1 r_2(\cos(\theta_1 + \theta_2) + i\sin(\theta_1 + \theta_2))$$

において、$r_1 = r_2 = 1$、$\theta_1 = \theta_2 = \theta$ とすると、

$$(\cos\theta + i\sin\theta)(\cos\theta + i\sin\theta) = \cos(\theta + \theta) + i\sin(\theta + \theta)$$

を得る。つまり、

$$(\cos\theta + i\sin\theta)^2 = \cos 2\theta + i\sin 2\theta$$

となる。また、このことより、

$$(\cos\theta + i\sin\theta)^3 = (\cos\theta + i\sin\theta)^2(\cos\theta + i\sin\theta)$$
$$= (\cos 2\theta + i\sin 2\theta)(\cos\theta + i\sin\theta)$$
$$= \cos(2\theta + \theta) + i\sin(2\theta + \theta)$$
$$= \cos 3\theta + i\sin 3\theta$$

を得る。このことを繰り返せば、任意の自然数 n について、

$$(\cos\theta + i\sin\theta)^n = \cos n\theta + i\sin n\theta \quad \cdots\cdots ①$$

となることがわかる。なお、$n \leq 0$ の場合も①は成り立つ。なぜならば、

$n=0$ のとき、

　　　①の左辺 $=(\cos\theta+i\sin\theta)^0=1$

　　　①の右辺 $=\cos 0+i\sin 0=1$

よって、①は成立する。

$n<0$ のとき、

$n=-m$ とすると $m>0$ となる。よって

$$(\cos\theta+i\sin\theta)^n=(\cos\theta+i\sin\theta)^{-m}$$

$$=\frac{1}{(\cos\theta+i\sin\theta)^m}=\frac{1}{\cos m\theta+i\sin m\theta}$$

$$=\frac{\cos m\theta-i\sin m\theta}{(\cos m\theta+i\sin m\theta)(\cos m\theta-i\sin m\theta)}=\cos m\theta-i\sin m\theta$$

$$=\cos(-m\theta)+i\sin(-m\theta)=\cos n\theta+i\sin n\theta$$

よって、このときも①は成立する。

以上のことから、①はすべての整数 n について成立することになる。

この①を**ド・モアブルの定理**という。

（注）①の厳密な証明は数学的帰納法による。

〔例〕　次の式を極形式を利用して計算をしてみよう。

　　(1)　$(1+\sqrt{3}\,i)(\sqrt{3}+i)$　　(2)　$\dfrac{1+\sqrt{3}\,i}{\sqrt{3}+i}$　　(3)　$(1+\sqrt{3}\,i)^{300}$

（解）

(1) $(1+\sqrt{3}\,i)(\sqrt{3}+i)=2\left(\dfrac{1}{2}+\dfrac{\sqrt{3}}{2}i\right)\times 2\left(\dfrac{\sqrt{3}}{2}+\dfrac{1}{2}i\right)$

$=4\left(\cos\dfrac{\pi}{3}+i\sin\dfrac{\pi}{3}\right)\left(\cos\dfrac{\pi}{6}+i\sin\dfrac{\pi}{6}\right)=4\left(\cos\left(\dfrac{\pi}{3}+\dfrac{\pi}{6}\right)+i\sin\left(\dfrac{\pi}{3}+\dfrac{\pi}{6}\right)\right)$

$=4\left(\cos\dfrac{\pi}{2}+i\sin\dfrac{\pi}{2}\right)=4i$

(2) $\dfrac{1+\sqrt{3}\,i}{\sqrt{3}+i} = \dfrac{2\left(\dfrac{1}{2}+\dfrac{\sqrt{3}}{2}i\right)}{2\left(\dfrac{\sqrt{3}}{2}+\dfrac{1}{2}i\right)} = \dfrac{\cos\dfrac{\pi}{3}+i\sin\dfrac{\pi}{3}}{\cos\dfrac{\pi}{6}+i\sin\dfrac{\pi}{6}}$

$= \cos\left(\dfrac{\pi}{3}-\dfrac{\pi}{6}\right)+i\sin\left(\dfrac{\pi}{3}-\dfrac{\pi}{6}\right)$

$= \cos\dfrac{\pi}{6}+i\sin\dfrac{\pi}{6} = \dfrac{\sqrt{3}}{2}+\dfrac{1}{2}i$

(3) $(1+\sqrt{3}\,i)^{300} = \left\{2\left(\dfrac{1}{2}+\dfrac{\sqrt{3}}{2}i\right)\right\}^{300} = \left\{2\left(\cos\dfrac{\pi}{3}+i\sin\dfrac{\pi}{3}\right)\right\}^{300}$

$= 2^{300}\left(\cos\dfrac{300\pi}{3}+i\sin\dfrac{300\pi}{3}\right) = 2^{300}(\cos 100\pi + i\sin 100\pi)$

$= 2^{300}(\cos 2\pi\times 50 + i\sin 2\pi\times 50) = 2^{300}(1+0) = 2^{300}$

●複素数の和と差とベクトル

　複素数の積は回転と関係し、商は逆回転と関係していることを紹介した。ついでに、**複素数の和や差が図形的にはベクトルの和、差と関係している**ことを紹介しておこう。

　ベクトルの場合、それらの和や差は対応する各成分同士の和や差である。また、複素数の場合、それらの和や差は実部同士、虚部同士の和や差である。つまり、2つのベクトル $\vec{v_1}=(x_1,\ y_1)$、$\vec{v_2}=(x_2,\ y_2)$ に対しては、

$\vec{v_1}+\vec{v_2}=(x_1,\ y_1)+(x_2,\ y_2)=(x_1+x_2,\ y_1+y_2)$

$\vec{v_1}-\vec{v_2}=(x_1,\ y_1)-(x_2,\ y_2)=(x_1-x_2,\ y_1-y_2)$

2つの複素数 $z_1=x_1+iy_1$、$z_2=x_2+iy_2$ に対しては

$z_1+z_2=(x_1+iy_1)+(x_2+iy_2)=(x_1+x_2)+i(y_1+y_2)$

$z_1-z_2=(x_1+iy_1)-(x_2+iy_2)=(x_1-x_2)+i(y_1-y_2)$

したがって、平面のベクトルと複素平面を重ね合わせれば同じ対応関係になっていることがわかる。

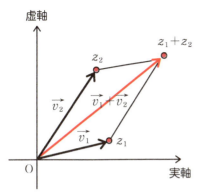
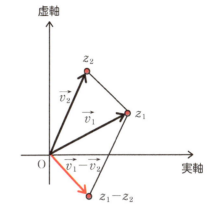

 複素数の積と商にはド・モアブルの定理

2つの複素数 z_1、z_2 が極形式表示で次のように与えられている。
$z_1 = r_1(\cos\theta_1 + i\sin\theta_1)$、$z_2 = r_2(\cos\theta_2 + i\sin\theta_2)$　このとき、

(1)　$z_1 z_2 = r_1 r_2 (\cos(\theta_1 + \theta_2) + i\sin(\theta_1 + \theta_2))$

(2)　$\dfrac{z_1}{z_2} = \dfrac{r_1}{r_2}(\cos(\theta_1 - \theta_2) + i\sin(\theta_1 - \theta_2))$

(3)　$(\cos\theta + i\sin\theta)^n = \cos n\theta + i\sin n\theta$　（n は整数）

……（**ド・モアブルの定理**）

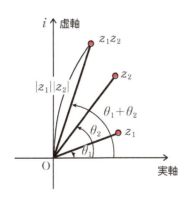
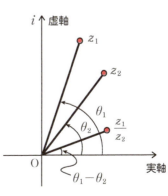

1-7 平面図形の複素数表示

複素数 $z = x + yi = r(\cos\theta + i\sin\theta)$ は複素平面上の点として表わされる。したがって、実部 x や虚部 y、絶対値 r や偏角 θ に条件をつけることにより、いろいろな平面図形を表わすことができる。

● $\theta = \alpha$ （$\alpha =$ 一定）

この条件は偏角が一定 α であることより右図の半直線を表わす。

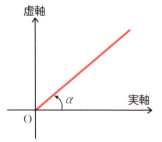

● $|z - z_0| = r$ （$r =$ 一定）

$|z - z_0| = r$ は z と z_0 との距離が r で一定であることを意味している。したがって、z_0 を中心とし半径 r の円を表わしている。

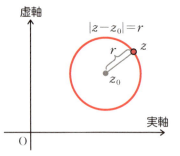

● $z = z_0 + r(\cos\theta + i\sin\theta)$
ただし、（$r =$ 一定, $0 \leq \theta \leq 2\pi$）

z_0 のない $z = r(\cos\theta + i\sin\theta)$ は原点中心、半径 r の円を表わしている。

また、$z = z_0 + r(\cos\theta + i\sin\theta)$ は $z = r(\cos\theta + i\sin\theta)$ を z_0 だけ平行移動したものなので、これは z_0 を中心とし半径 r の円を表わす。

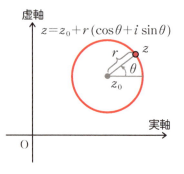

● Re(z)>0

Re(z)=x>0 より、Re(z)>0 は複素平面の虚軸の右側の範囲を表わす。

（注）Re(z) は複素数 z の実部を表わす。また、Im(z) は複素数 z の虚部を表わす。

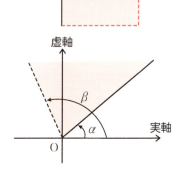

● $\alpha \leq \theta < \beta$ （$\alpha, \beta =$ 一定）

この条件は偏角が α 以上 β より小さいということから複素平面上の V 字型の範囲を表わす。

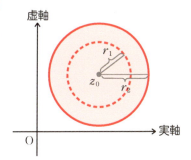

● $r_1 < |z - z_0| \leq r_2$ ($r_1, r_2 =$ 一定)

この条件は点 z_0 を中心とし半径 r_1 の円の外側でかつ半径 r_2 の円の内側を表わす。ただし、外側は境界線を含み、内側は含まない。

Note 複素数で平面図形を表示

平面図形はある条件を満たす点の集合である。複素数 z は複素平面上の点として表示されるので、z に条件を与えることによって、いろいろな図形を表わすことができる。

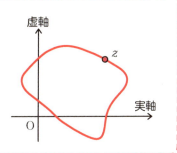

1-8 複素関数とは

関数といえば1次関数 $y = ax + b$ や2次関数 $y = x^2$ などを思い浮かべることができる。しかし、あらためて「関数とは？」と問われると、答えに詰まる人が少なくない。まずは、関数よりも広い考え方である写像から説明していこう。

●写像とは

集合 X、Y があって、X の要素 x に対して Y の要素 y がただ1つ決まるとき、この対応を**写像**（マッピング：mapping）という。ここで、集合 X、Y は集合ならばなんでもよい。例えば、X が人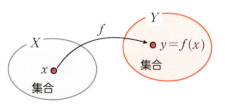
の集合で Y が名前の集合であれば人に名前を付与することは写像である。

●関数とは

2つの数の集合 X、Y があって、X の要素 x に対して Y の要素 y がただ1つ決まるとき、この対応を**関数**（function）といい $y = f(x)$ と書く。ここで、f は関数名であるが f にこだわ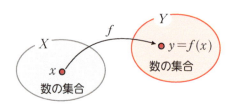
らない。$y = g(x)$、$y = h(x)$……などといろいろである。なお、このとき、x のことを**独立変数**、y のことを**従属変数**という。また、集合 X を関

数 f の**定義域**、集合 Y の部分集合 $\{y|y=f(x), x\in X\}$ を関数 f の**値域**という。

（注）写像と関数は同じ意味で使われることもある。

● 実関数とは

2つの数の集合 X、Y が実数の集合であって、X の要素 x に対して Y の要素 y がただ1つ決まるとき、この対応を**実関数**という。

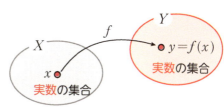

● 複素関数とは

2つの数の集合 X、Y が複素数の集合であって、X の要素 x に対して Y の要素 y がただ1つ決まるとき、この対応を**複素関数**という。

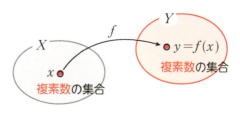

> **Note 実関数と複素関数は同じ表現**
>
> 数の集合から数の集合への対応を関数というが、数の集合がともに実数であれば実関数、複素数であれば複素関数という。本書では基本的には、複素関数における独立変数を z、従属変数を w で表わしている。
>
>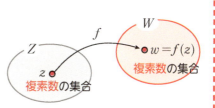

1-9 複素関数のグラフ

2次関数 $y = x^2$ のように実関数 $y = f(x)$ のグラフは座標平面を用いて描くことができる。それでは、複素関数 $w = f(z)$ のグラフはどうなるのだろうか。

● 実関数 $y = f(x)$ のグラフは 2 次元の世界

　実関数 $y = f(x)$ の場合、変数 x は実数なので数直線（1次元）上の点で表現でき、また、その関数値 y も実数なので同じく数直線（1次元）上の点で表現できる。ここで、変数 x の変化に対して変数 y がどのように変化するかを見るため、変数 x が動く数直線を横軸にとり、変数 y が動く数直線を縦軸にとった 2 次元の座標平面を考える。すると、変数 x を変化させたときの点 (x, y) の軌跡を描くことができる。これが $y = f(x)$ のグラフである。

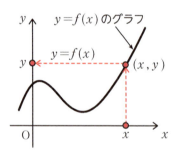

● 複素関数 $w = f(z)$ のグラフは 4 次元の世界

　複素関数 $w = f(z)$ では、変数 $z = x + yi$ は複素数なので複素平面（2次元）上の点で表現される。また、その関数値 $w = f(z) = u + vi$ も複素数なので複素平面（2次元）上の点で表現される。そのため、実関数 $y = f(x)$ の場合の x 軸（1次元）に相当するのが複素平面（**z 平面**という）、y 軸に相当するのも複素平面（**w 平面**という）となる。ということは、$w = f(z)$ のグラフを描こうとすると、それは **2次元から 2次元への対応だから 4次元のグラフ**となる。残念ながら、我々は 4 次元の世界を描くことはできない。

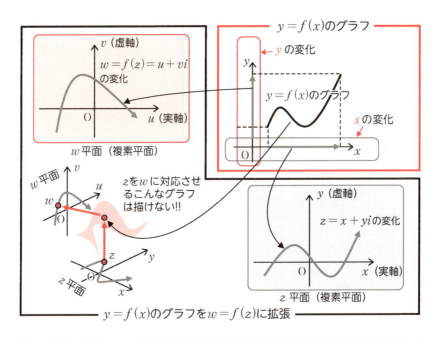

● z 平面と w 平面を利用すれば原因と結果だけはわかる

$w=f(z)$ のグラフは4次元となり描くことはできないが、z 平面と w 平面を利用すれば $w=f(z)$ における z の変化の軌跡と w の変化の軌跡は見ることができる（下図）。つまり、このグラフより複素関数 $w=f(z)$ において、**独立変数 z（原因）が変化したときに関数値 w（結果）がどのように変化するのかを見ることはできる**。今後、複素関数を理解するうえで、このグラフは参考になる。

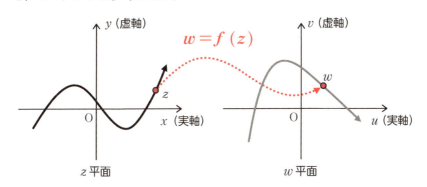

（注）前ページのグラフは $w = f(z)$ のグラフそのものではない。$w = f(z)$ のグラフは4次元の世界でないと描けない。なお、実関数で前ページの z 平面、w 平面のグラフに相当するグラフは右図のグレーの線分である。色の曲線ではない。

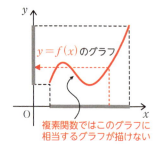

〔例〕

下の図は変数 $z = x + yi$ が z 平面上で虚部 y を固定しながら実部のみ変化させたときに、複素関数 $w = z^2 = x^2 - y^2 + 2xyi$ の値が w 平面上でどのように変化しているのかを示したものである。実関数 $y = x^2$ のグラフとは趣を異にすることがわかる。

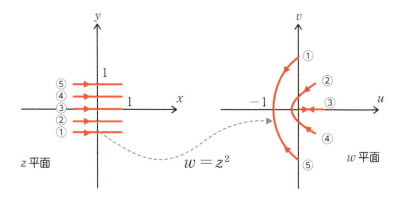

なお、この場合、w 平面に描かれた $w = z^2$ の軌跡は放物線、または、直線になる。それはなぜか、その理由を調べてみよう。

z が実軸に平行に変化する場合は $z = x + ki$ と書ける。ただし、k は実数の定数とする。

(1) $k \neq 0$ のとき（①、②、④、⑤の場合）

$$w = f(z) = z^2 = (x + ki)^2 = x^2 - k^2 + 2kxi = u + vi$$

ゆえに、$u = x^2 - k^2$ ……（i）、$v = 2kx$ ……（ii）

（ii）より $x = \dfrac{v}{2k}$ これを（i）に代入して、$u = \dfrac{1}{4k^2}v^2 - k^2$ を得る。

よって、w は w 平面上の放物線上を動くことになる。

(2) $k=0$ のとき（③の場合）

$z=x$ となり $w=f(z)=z^2=x^2=u+vi$ となる。よって $u=x^2$、$v=0$ となり、w は w 平面上の u 軸上の原点を含め、原点の右側の半直線上を動くことになる。

(1)(2) より、w 平面に描かれた $w=z^2$ の軌跡は放物線、または、直線になることがわかる。

● $w=f(z)=u+vi$ における実部 u、虚部 v のグラフを利用

複素関数 $w=f(z)$ のグラフは 4 次元となり、描くのは困難である。しかし、$z=x+yi$ が z 平面上を動くとき複素関数

$$w=f(z)=u(x,y)+v(x,y)i$$

の実部 u、虚部 v に着目すれば、これらは x と y の 2 変数の実関数である。そこで、z 平面とこの原点を通り、この平面に垂直な実軸を利用すれば、$\varphi=u(x,y)$、$\xi=v(x,y)$ のグラフを描くことはできる。すると、これらのグラフから $w=f(z)=u(x,y)+v(x,y)i$ の変化の様子を少しばかりうかがい知ることができる。

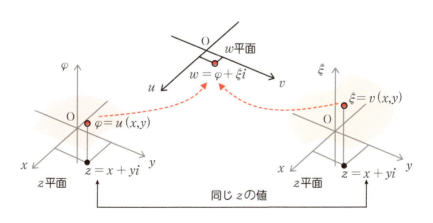

〔例〕下記のグラフは、2次関数 $w=f(z)=z^2=x^2-y^2+2xyi$ の実部、虚部を φ、ξ と置いた $\varphi=u(x, y)=x^2-y^2$、$\xi=v(x, y)=2xy$ のグラフを網目状にして描いたものである（ただし、$-2 \leq x \leq 2$、$-2 \leq y \leq 2$）。

関数 $w=f(z)=z^2=\varphi+\xi i$ は割と素直な関数ではあるが、実部、虚部のグラフはややこしい。一般の複素関数の複雑さが想像できる。

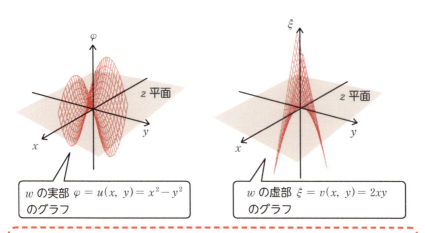

w の実部 $\varphi=u(x, y)=x^2-y^2$ のグラフ

w の虚部 $\xi=v(x, y)=2xy$ のグラフ

Note 複素関数のグラフは実関数とは異次元の世界

複素関数 $w=f(z)$ のグラフは4次元のグラフであり、描くことができないため、複素関数をグラフから理解することは困難である。これは複素関数を理解する上でかなり辛い。そこで、独立変数 z が変化する z 平面と、関数値 w が変化する w 平面の2つの平面で、z の変化に対する w の変化の様子を見ることになる。

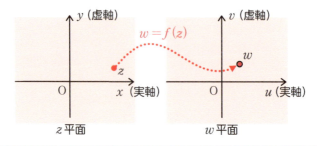

1-10 一価関数と多価関数

2つの数の集合 X、Y があって、X の要素 x に対して Y の要素 y がただ1つ決まるとき、この対応を関数（function）と呼んだ（§1-8）。しかし、複素関数の世界では対応の先が複数あるものも「関数」と認めることにする。

●一価関数とは

2つの数の集合 X、Y があって、X の要素 x に対して Y の要素 y がただ1つ決まるとき、この対応を**一価関数**という。通常、単に関数といえば、この一価関数を意味する。

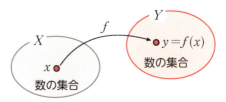

一価関数

（注）異なる x に対して対応先が同じ y になることは関数であることに反しない（右図）。

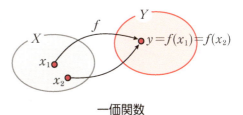

一価関数

●多価関数とは

2つの数の集合 X、Y があって、X の要素 x に対して Y の要素 y が複数存在するとき、この対応を**多価関数**という。特に、2個あれば2価関数、3個あれば3価関数、……、n 個あ

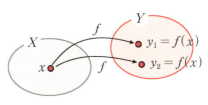

多価関数

れば n 価関数という。先の図は 2 価関数の例である。

〔例〕学習するのは先（§2-9）のことであるが、結論だけ利用すると複素関数としての対数関数 $w = \log_e z$ は 1 つの z に対して次の値をとる。

$$w = \log_e z = \log_e |z| + i(\mathrm{Arg}\, z + 2n\pi) \quad \text{ただし、} n \text{ は整数} \cdots\cdots ①$$

ここで、n は整数だから、対数関数 $w = \log_e z$ は無限個の値をとる多価関数である。これは**無限多価関数**と呼ばれている。

（注）$\mathrm{Arg}\, z$ は z の偏角の主値である（§1-5 参照）。

● 多価関数の主値とは

多価関数の場合には複数の関数値が存在するが、その中から 1 つの代表値を決めてこれを**主値**という。このことにより一価関数が実現する。

例えば①の場合、z の偏角としてその主値 $\mathrm{Arg}\, z$ のみを採用した $\log_e |z| + i\mathrm{Arg}\, z$ を $w = \log_e z$ の主値といい、$\mathrm{Log}\, z$ などと書く。つまり、$\mathrm{Log}\, z = \log_e |z| + i\mathrm{Arg}\, z$ である。

（注）多価関数を一価関数として扱うために考え出されたものに**リーマン面**がある（付録 12）。なお、次ページは「リーマン球面」の話である。

なぜ「主値」という考えが必要なのか？

複素関数を扱う上で対応先が複数ある多価関数は稀ではない。しかし、例えば、微分や積分の計算では多価関数についてはどの値を微分・積分するのかがハッキリしないと困る。そこで、主値という考え方が必要になってくる。

もう一歩進んで リーマン球面（複素球面）と拡張された複素平面

z平面（複素平面）とその原点 O を中心とした半径 1 の球面を考える（下図）。この球面の最上部の点を N とする。この球面を地球に例えれば、z平面は赤道を含む平面、点 N は北極に相当する。

ここで、z平面上の任意の点 z と点 N を結ぶ直線がこの球面と N 以外で交わる点を P とする。すると、z平面上の任意の点はこの球面上の点（N は除く）と 1 : 1 に対応している。また、点 z が原点から無限に遠ざかると、点 P は限りなく点 N に近づく。そこで、点 z が原点から無限に遠ざかった点を**無限遠点**といい、その点に対応する数を ∞ と表わすことにする。すると、∞ は球面上の点 N に対応することがわかる。この結果、z平面に ∞ を付け加えた平面上の点はこの球面上の点と 1 : 1 に対応することがわかる。この球面は**複素球面**、または、**リーマン球面**と呼ばれている。

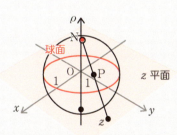

（z が z 平面上の単位円の外側）

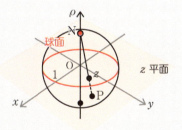

（z が z 平面上の単位円の内側）

複素平面に ∞ を加えた平面を**拡張された複素平面**という。すると、$w = f(z) = \dfrac{1}{z}$ の場合、$f(0) = \dfrac{1}{0} = \infty$、$f(\infty) = \dfrac{1}{\infty} = 0$ と考えられる。

第2章

いろいろな複素関数

複素数 z を変数とした指数関数 e^z、三角関数 $\cos z$、$\sin z$、対数関数 $\log z$、ベキ関数 z^a はどんな関数になるのだろうか。まずは、これらの複素関数を探ってみることにしよう。

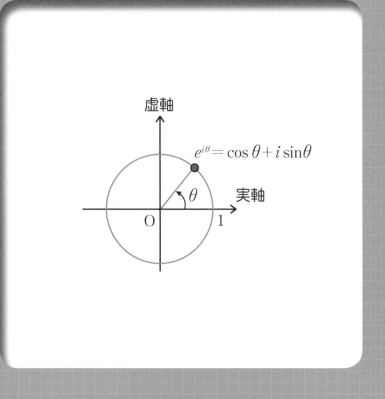

2-1 多項式関数と有理関数

実関数の世界では $f(x) = a_n x^n + a_{n-1} x^{n-1} + \cdots + a_1 x + a_0$ を **多項式関数**（n 次関数）といい、$f(x) = \dfrac{b_m x^m + b_{m-1} x^{m-1} + \cdots + b_1 x + b_0}{a_n x^n + a_{n-1} x^{n-1} + \cdots + a_1 x + a_0}$ を **有理関数** といった。ただし、n、m は 0 以上の整数で $a_n \neq 0$ とする。

では、複素関数の世界でこれに相当する関数は何だろうか。

● 複素関数としての多項式関数、有理関数

上記の実関数の定義式をそのまま複素数に書き換えることで複素関数になる。つまり、

多項式関数　$f(z) = \alpha_n z^n + \alpha_{n-1} z^{n-1} + \cdots + \alpha_1 z + \alpha_0$

有理関数　$f(z) = \dfrac{\beta_m z^m + \beta_{m-1} z^{m-1} + \cdots + \beta_1 z + \beta_0}{\alpha_n z^n + \alpha_{n-1} z^{n-1} + \cdots + \alpha_1 z + \alpha_0}$

ただし、n、m は 0 以上の整数、z、α_i、β_i は複素数で $\alpha_n \neq 0$ とする。

これらの関数は、複素数 $z = x + yi$ の四則計算のみで定義されているので、関数値 $f(z)$ の値は §1-4 の四則計算の定義（次ページに再掲）に従えば、ただ1つ確定することになる。

〔例1〕 $f(z) = z^2 + (i+1)z + 2i - 1$ のとき、

$f(1-i) = (1-i)^2 + (i+1)(1-i) + 2i - 1 = 1$

$f(2) = 2^2 + (i+1) \times 2 + 2i - 1 = 5 + 4i$

〔例2〕 $f(z) = \dfrac{(5-2i)z + i + 3}{z^2 + (i+1)z + 2i - 1}$ のとき、

$$f(2) = \frac{(5-2i) \times 2 + i + 3}{2^2 + (i+1) \times 2 + 2i - 1} = \frac{13 - 3i}{5 + 4i} = \frac{53 - 67i}{41} = \frac{53}{41} - \frac{67}{41}i$$

$$f(1-i) = \frac{(5-2i)(1-i) + i + 3}{(1-i)^2 + (i+1)(1-i) + 2i - 1} = \frac{6 - 6i}{1} = 6 - 6i$$

参考 ▶ 複素数の加法、減法、乗法、除法の定義（§1-4）

(1) $(a+bi) + (c+di) = (a+c) + (b+d)i$

(2) $(a+bi) - (c+di) = (a-c) + (b-d)i$

(3) $(a+bi)(c+di) = (ac - bd) + (ad + bc)i$

(4) $\dfrac{a+bi}{c+di} = \dfrac{ac+bd}{c^2+d^2} + \dfrac{bc-ad}{c^2+d^2}i$

● 多項式関数の振る舞い

例として、単純な2次の多項式関数 $w = z^2 (= x^2 - y^2 + 2xyi)$ を調べてみよう。

(1) z の虚部だけを変化（実部固定）させたときの $w = z^2$ の振る舞い

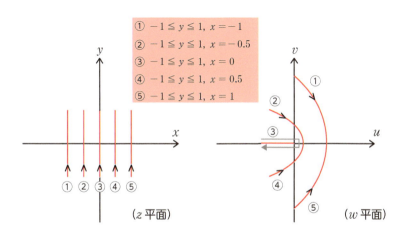

① $-1 \leq y \leq 1, x = -1$
② $-1 \leq y \leq 1, x = -0.5$
③ $-1 \leq y \leq 1, x = 0$
④ $-1 \leq y \leq 1, x = 0.5$
⑤ $-1 \leq y \leq 1, x = 1$

(z 平面) (w 平面)

(2) z の実部だけを変化（虚部固定）させたときの $w = z^2$ の振る舞い

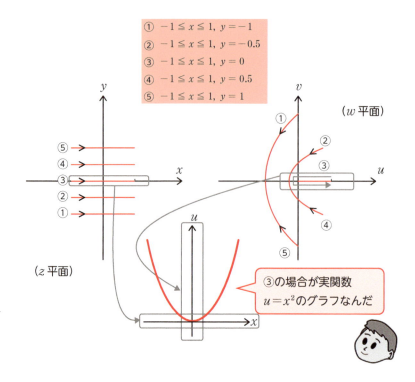

(3) z の大きさを固定し、偏角を変化させたときの $w = z^2$ の振る舞い

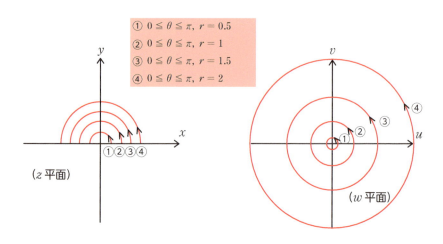

●有理関数の振る舞い

例として、単純な有理関数 $w = \dfrac{1}{z} \left(= \dfrac{1}{x+yi} = \dfrac{x-yi}{x^2+y^2} \right)$ を調べてみよう。

なお、このとき、$u = \dfrac{x}{x^2+y^2}$、$v = \dfrac{-y}{x^2+y^2}$ である。

(1) z の実部だけを変化（虚部固定）させたときの $w = \dfrac{1}{z}$ の振る舞い

① $-3 \leqq x \leqq 3,\ y = -1$
② $-3 \leqq x \leqq 3,\ y = -0.5$
③ $-3 \leqq x \leqq 3,\ y = 0$
④ $-3 \leqq x \leqq 3,\ y = 0.5$
⑤ $-3 \leqq x \leqq 3,\ y = 1$

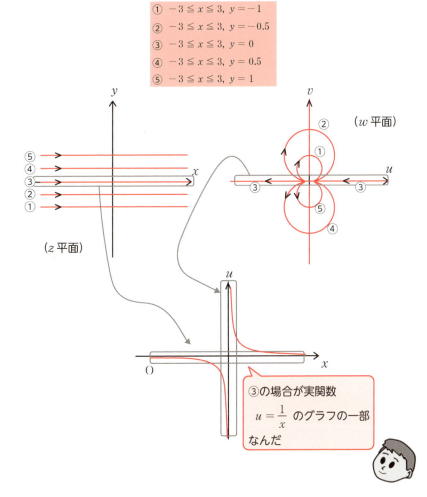

③の場合が実関数 $u = \dfrac{1}{x}$ のグラフの一部なんだ

(2) z の虚部だけを変化（実部固定）させたときの $w=\dfrac{1}{z}$ の振る舞い

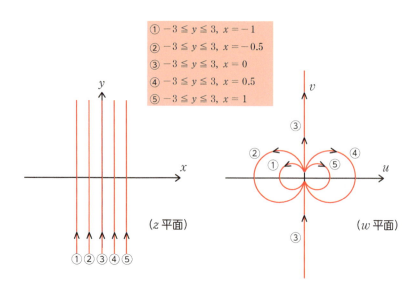

(3) z の大きさを固定し、偏角を変化させたときの $w=\dfrac{1}{z}$ の振る舞い

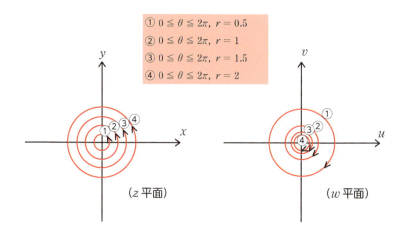

もう一歩進んで　$w = \dfrac{1}{z}$ の実部と虚部のグラフ

複素数 $z = x + yi$ に対して $w = \dfrac{1}{z}$ の実部 $u(x, y)$ と虚部 $v(x, y)$ は

$$w = \frac{1}{z} = \frac{1}{x + yi} = \frac{x - yi}{x^2 + y^2}$$

より、次のようになる。

$$u = \frac{x}{x^2 + y^2} 、\quad v = \frac{-y}{x^2 + y^2}$$

このことを利用して $w = \dfrac{1}{z}$ の実部と虚部のグラフ $\varphi = u(x, y)$、$\xi = v(x, y)$ のグラフを描くと次のようになる。

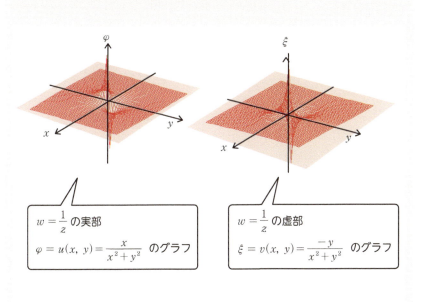

$w = \dfrac{1}{z}$ の実部
$\varphi = u(x, y) = \dfrac{x}{x^2 + y^2}$ のグラフ

$w = \dfrac{1}{z}$ の虚部
$\xi = v(x, y) = \dfrac{-y}{x^2 + y^2}$ のグラフ

2-2 オイラーの公式

前節で紹介した多項式関数 $f(z) = \alpha_n z^n + \alpha_{n-1} z^{n-1} + \cdots + \alpha_1 z + \alpha_0$ や有理関数 $f(z) = \dfrac{\beta_m z^m + \beta_{m-1} z^{m-1} + \cdots + \beta_1 z + \beta_0}{\alpha_n z^n + \alpha_{n-1} z^{n-1} + \cdots + \alpha_1 z + \alpha_0}$ では、複素数 z の四則計算で関数が定義された。これから扱う複素関数の指数関数や三角関数などでは、複素数 z の単純な四則計算で定義されるわけではない。そこで、まずは、これらの関数を定義する際に必要となるオイラーの公式を紹介しよう。

● オイラーの公式

実数 θ に対して $\cos\theta + i\sin\theta$ と表わされる複素数を $e^{i\theta}$ と定義する。

$$e^{i\theta} = \cos\theta + i\sin\theta \quad \cdots\cdots ① \quad (i は虚数単位)$$

この①式を **オイラーの公式** という。

（注）①をもって「$e = 2.71828\cdots\cdots$ の $i\theta$ 乗」とは考えない方がよい。<u>$e^{i\theta}$ で１つの複素数と考える</u>のである。なお、なぜこのように定義するかについては「付録1」を参照。

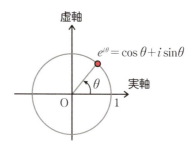

$e^{i\theta}$ を①と定義することにより、$e^{i\theta}$ は複素平面における原点中心の単位円上の偏角が θ である複素数であることがわかる。

〔例〕 $e^{\frac{\pi}{3}i} = \cos\dfrac{\pi}{3} + i\sin\dfrac{\pi}{3} = \dfrac{1}{2} + \dfrac{\sqrt{3}}{2}i$

● 複素数 $z = a + bi$ は指数表示できる

複素数 $z = a + bi$ は極形式で $r(\cos\theta + i\sin\theta)$ と書ける（§1−5）。

したがって、任意の複素数 z は $e^{i\theta}$ を用いて

$$z = a + bi = r(\cos\theta + i\sin\theta) = re^{i\theta}$$

と書くことができる。

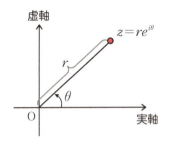

● θ を実数とする実三角関数 $\cos\theta$、$\sin\theta$ は $e^{i\theta}$ で表わせる

オイラーの公式①より、

$$e^{-i\theta} = \cos(-\theta) + i\sin(-\theta) = \cos\theta - i\sin\theta \cdots\cdots ②$$

①±②を計算することにより、次の式を得る。

$$\cos\theta = \frac{e^{i\theta} + e^{-i\theta}}{2}, \quad \sin\theta = \frac{e^{i\theta} - e^{-i\theta}}{2i}$$

Note 複素解析の基本となる「オイラーの公式」

(1) $e^{i\theta}$ を次の複素数と定義する。

$$e^{i\theta} = \cos\theta + i\sin\theta$$

（θ は実数、i は虚数単位、e はネイピアの数 2.71828……）

これを **オイラーの公式** という。

(2) 任意の複素数 z はその大きさ r、偏角 θ を用いて $z = re^{i\theta}$ と書ける。

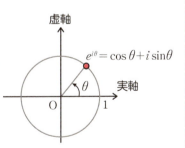

2-3 指数関数 e^z の定義

x が実数のとき指数関数 e^x は単調増加する実関数である（右下図）。ただし、**e はネイピアの数** $e = 2.71828\cdots$ である。それでは、指数が複素数 $z = x + yi$ であるとき、**指数関数 e^z はどのような関数なのだろうか**。

● e^z の定義

指数が複素数 $z = x + yi$ である**指数関数 e^z を次のように定義する**。

$$e^z = e^{x+yi} = e^x(\cos y + i \sin y) \quad \cdots\cdots ①$$

ここで x、y は実数であることより、①式の右辺の $\cos y$、$\sin y$ は実関数である（左下図）。また、e^x は底がネイピアの数 $e = 2.71828\cdots$ である実関数である（右下図）。よって、任意の複素数 $z = x + yi$ に対して e^z の値が複素数 $e^x(\cos y + i \sin y)$ として決定することになる。

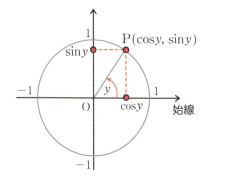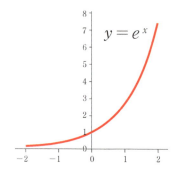

〔例〕 e^{3+2i} はどんな複素数か。

①より $e^z = e^{3+2i} = e^3(\cos 2 + i \sin 2)$

これは、複素数の極形式表示そのものであり、偏角が 2 ラジアンで絶対

値が $e^3 = (2.71828\cdots)^3 = 20.0855\cdots$ の複素数となる。

● e^z は e^x の拡張

①によって定義された関数 e^z は z が実数であれば、つまり、$y=0$ であれば e^x となり、実関数と一致する。つまり、**e^z は実関数 e^x の複素数への拡張**なのである。

● $e^z = e^{x+yi} = e^x e^{yi}$

オイラーの公式 $e^{i\theta} = \cos\theta + i\sin\theta$ より $e^{iy} = \cos y + i\sin y$

また、e^z の定義①より $e^z = e^{x+yi} = e^x(\cos y + i\sin y)$

よって $e^z = e^{x+yi} = e^x(\cos y + i\sin y) = e^x e^{iy}$

よって、$e^{x+yi} = e^x e^{iy}$ である。

 指数関数 e^z の定義

複素数 $z = x + yi$ に対して e^z を次のように定義する。

$$e^z = e^x(\cos y + i\sin y)$$

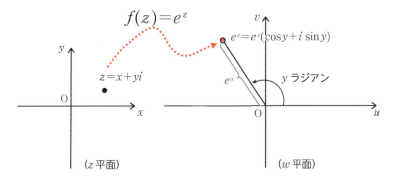

（注）e^z には e の z 乗という意味はない。複素数 $z = x + yi$ に対して $e^x(\cos y + i\sin y)$ のことを e^z と書き、これを指数関数というのである。$y = 0$ のとき、e^z は実指数関数 e^x と一致する。

2-4 指数関数 e^z の性質

指数が複素数 z であるとき、指数関数 e^z はどのような性質をもっているのだろうか。

● e^z の絶対値と偏角

指数関数 $e^z = e^{x+yi} = e^x(\cos y + i\sin y)$ の絶対値と偏角は次のようになる。$|e^z| = e^x$、$\arg e^z = y + 2n\pi$ $(n = 0, \pm 1, \pm 2, \cdots)$

● e^z の性質

e^z は実指数関数 e^x と同じような性質をもっている。

(1) $e^{z_1}e^{z_2} = e^{z_1+z_2}$ …… **積は指数の和**

$$z_1 = x_1 + y_1 i \text{、} z_2 = x_2 + y_2 i$$

とすると、定義より

$$e^{z_1} = e^{x_1}(\cos y_1 + i\sin y_1)\text{、} e^{z_2} = e^{x_2}(\cos y_2 + i\sin y_2)$$

よって、

$$\begin{aligned}
e^{z_1}e^{z_2} &= e^{x_1}(\cos y_1 + i\sin y_1)e^{x_2}(\cos y_2 + i\sin y_2) \\
&= e^{x_1}e^{x_2}\{(\cos y_1 \cos y_2 - \sin y_1 \sin y_2) \\
&\quad + i(\sin y_1 \cos y_2 + \cos y_1 \sin y_2)\} \\
&= e^{x_1+x_2}\{\cos(y_1+y_2) + i\sin(y_1+y_2)\} \\
&= e^{x_1+x_2}e^{i(y_1+y_2)} \\
&= e^{z_1+z_2}
\end{aligned}$$

← 式の展開、ただし、$i^2 = -1$
← 三角関数の加法定理
← 指数関数 e^z の定義
← $z_1 + z_2 = (x_1+x_2) + (y_1+y_2)i$ と e^z の定義

(2) $\dfrac{e^{z_1}}{e^{z_2}} = e^{z_1-z_2}$ …… **商は指数の差**

$$\frac{e^{z_1}}{e^{z_2}} = \frac{e^{x_1}(\cos y_1 + i\sin y_1)}{e^{x_2}(\cos y_2 + i\sin y_2)}$$

分母の共役複素数を分母、分子に掛ける

$$= \frac{e^{x_1}(\cos y_1 + i\sin y_1)(\cos y_2 - i\sin y_2)}{e^{x_2}(\cos y_2 + i\sin y_2)(\cos y_2 - i\sin y_2)}$$

式の展開

$$= \frac{e^{x_1}\{(\cos y_1 \cos y_2 + \sin y_1 \sin y_2) + i(\sin y_1 \cos y_2 - \cos y_1 \sin y_2)\}}{e^{x_2}(\cos^2 y_2 + \sin^2 y_2)}$$

三角関数の加法定理

$$= \frac{e^{x_1}\{\cos(y_1 - y_2) + i\sin(y_1 - y_2)\}}{e^{x_2}}$$

指数関数 e^z の定義

$$= e^{x_1 - x_2} e^{i(y_1 - y_2)}$$
$$= e^{z_1 - z_2}$$

$z_1 - z_2 = (x_1 - x_2) + (y_1 - y_2)i$ と e^z の定義

(3) $e^z \neq 0$ …… **零点（関数値が0になる点）をもたない**

$|e^z| = e^x > 0$ より e^z が 0 になることはない。

(4) e^z は周期 $2\pi i$ の周期関数

e^z の性質 (1) より任意の z に対して

$$e^{z+2\pi i} = e^z e^{2\pi i} = e^z(\cos 2\pi + i\sin 2\pi) = e^z(1 + 0i) = e^z$$

よって、$f(z) = e^z$ は $f(z + 2\pi i) = f(z)$ を満たすので周期 $2\pi i$ の周期関数である。これは実関数 e^x（周期性はない）とは異なる性質である。

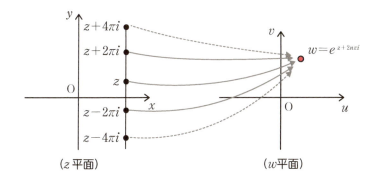

2-5 指数関数 e^z の振る舞い

複素数 $z = x + yi$ の変化に対して指数関数
$$w = e^z = e^{x+yi} = e^x(\cos y + i \sin y)$$
の値はどのように変化するのだろうか。複素数 z を z 平面で 3 つのパターンで動かしたときに、$w = e^z$ が w 平面上でどのように動くかを調べてみることにする。

(1) z の実部だけを変化（虚部固定）させたときの $w = e^z$ の振る舞い

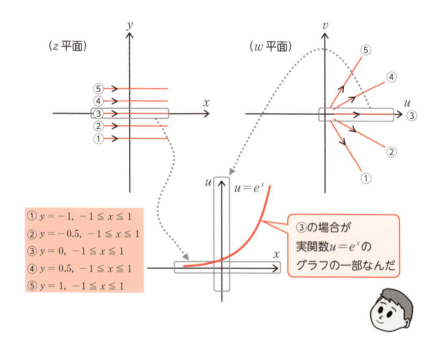

① $y = -1,\ -1 \leqq x \leqq 1$
② $y = -0.5,\ -1 \leqq x \leqq 1$
③ $y = 0,\ -1 \leqq x \leqq 1$
④ $y = 0.5,\ -1 \leqq x \leqq 1$
⑤ $y = 1,\ -1 \leqq x \leqq 1$

③の場合が実関数 $u = e^x$ のグラフの一部なんだ

(2) z の虚部だけ変化（実部固定）させたときの $w = e^z$ の振る舞い

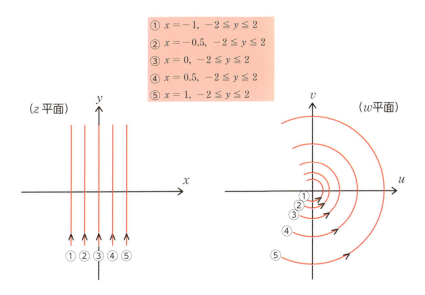

(3) z の大きさを固定し、偏角だけ変化させたときの $w = e^z$ の振る舞い

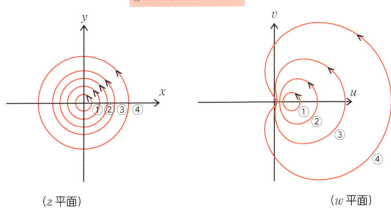

もう一歩進んで　$w = e^z$ の実部と虚部のグラフ

複素数 $z = x + yi$ に対して $w = e^z$ の実部 $u(x, y)$ と虚部 $v(x, y)$ は、

$$w = e^z = e^{x+yi} = e^x(\cos y + i\sin y)$$

より、次のようになる。

$$u = e^x \cos y、\quad v = e^x \sin y$$

このことを利用して $w = e^z$ の実部と虚部のグラフ

$$\varphi = u(x, y)$$
$$\xi = v(x, y)$$

のグラフを描くと次のようになる。ただし、$|x| \leqq 2$、$|y| \leqq 2$

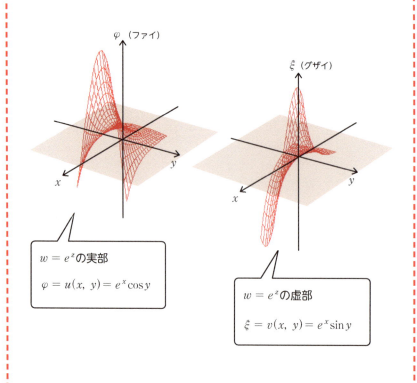

$w = e^z$ の実部
$\varphi = u(x, y) = e^x \cos y$

$w = e^z$ の虚部
$\xi = v(x, y) = e^x \sin y$

2-6 三角関数 $\cos z$、$\sin z$ の定義

実三角関数 $\cos x$、$\sin x$ は回転角 x をもとに右図のように単位円で定義された。変数が複素数 z であるとき、三角関数 $\cos z$、$\sin z$ はどのような関数なのだろうか。そもそも、z は回転角を表わすのだろうか。

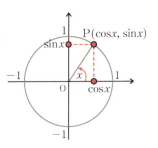

● $\cos z$、$\sin z$ の定義

オイラーの公式 $e^{ix} = \cos x + i\sin x$ ……① の x に $-x$ を代入すると次の式を得る。$e^{-ix} = \cos x - i\sin x$ ……②

①、②を $\cos x$、$\sin x$ について解くと、
$$\cos x = \frac{e^{ix} + e^{-ix}}{2} \quad \cdots\cdots ③ 、 \quad \sin x = \frac{e^{ix} - e^{-ix}}{2i} \quad \cdots\cdots ④$$

上記の③、④式は任意の実数 x について成立する。そこで、③、④式の実数 x を複素数 z で書き換えたものを考える。
$$\cos z = \frac{e^{iz} + e^{-iz}}{2} \quad \cdots\cdots ⑤ 、 \quad \sin z = \frac{e^{iz} - e^{-iz}}{2i} \quad \cdots\cdots ⑥$$

⑤、⑥をもって、変数が複素数 z であるときの三角関数 $\cos z$、$\sin z$ と定義する。このとき、z は回転角の大きさを表わしているわけではない。

● $\cos z$、$\sin z$ を x と y で表現すると

$e^z = e^x(\cos y + i\sin y)$ より⑤、⑥で定義された $\cos z$、$\sin z$ を $z = x + yi$ の x と y で表現すると次のようになる。

$$\begin{aligned}\cos z &= \frac{e^{iz} + e^{-iz}}{2} = \frac{e^{i(x+yi)} + e^{-i(x+yi)}}{2} = \frac{e^{-y+ix} + e^{y-ix}}{2} \\ &= \frac{1}{2}\{e^{-y}(\cos x + i\sin x) + e^y(\cos x - i\sin x)\} \\ &= \frac{1}{2}\{(e^{-y} + e^y)\cos x + i(e^{-y} - e^y)\sin x\} \quad \cdots\cdots ⑦\end{aligned}$$

同様にして、$\sin z = \dfrac{1}{2}\{(e^{-y}+e^{y})\sin x - i(e^{-y}-e^{y})\cos x\}$ ……⑧

ここで、x、y は実数なので、⑦、⑧の右辺の e^{y}、e^{-y}、$\cos x$、$\sin x$ はそれぞれ値が定まる。したがって⑦、⑧の左辺である $\cos z$、$\sin z$ の値も定まることになる。とくに、$y=0$、つまり、$z=x$ のときは⑦、⑧より $\cos z = \cos x$、$\sin z = \sin x$ となり実三角関数と一致する。

〔例〕 $z = \dfrac{\pi}{3} + 2i$ のときの $\cos z$、$\sin z$ の値を求めてみよう。

上式⑦、⑧より、各々次の値を得る。

$$\cos\left(\dfrac{\pi}{3}+2i\right) = \dfrac{1}{2}\left\{(e^{-2}+e^{2})\cos\dfrac{\pi}{3}+i(e^{-2}-e^{2})\sin\dfrac{\pi}{3}\right\}$$

$$= \dfrac{1}{4}\left\{\dfrac{1+e^{4}}{e^{2}}+\sqrt{3}\left(\dfrac{1-e^{4}}{e^{2}}\right)i\right\}$$

$$= (1.8810\cdots) - (3.1409\cdots)i$$

$$\sin\left(\dfrac{\pi}{3}+2i\right) = \dfrac{1}{4}\left\{\sqrt{3}\left(\dfrac{1+e^{4}}{e^{2}}\right)-\left(\dfrac{1-e^{4}}{e^{2}}\right)i\right\}$$

$$= (3.2581\cdots) + (1.8134\cdots)i$$

 $\cos z$、$\sin z$ の定義

複素数 $z = x + yi$ に対して $\cos z$、$\sin z$ を次のように定義する。

$$\cos z = \dfrac{e^{iz}+e^{-iz}}{2},\quad \sin z = \dfrac{e^{iz}-e^{-iz}}{2i}$$

（注）$y=0$ のとき、$\cos z$、$\sin z$ は実三角関数 $\cos x$、$\sin x$ と一致する。

2-7 三角関数 $\cos z$、$\sin z$ の性質

変数が複素数 $z = x + yi$ である三角関数 $\cos z$、$\sin z$ は

$$\cos z = \frac{e^{iz} + e^{-iz}}{2} \cdots\cdots ①、\quad \sin z = \frac{e^{iz} - e^{-iz}}{2i} \cdots\cdots ②$$

と定義された。これは、一見、実数 x で定義された三角関数 $\cos z$、$\sin z$ と別ものに思えるが、実際には類似の性質を数多くもっている。

● $\cos^2 z + \sin^2 z = 1$

①、②と e^z の性質（§2-4）を用いて $\cos^2 z + \sin^2 z$ を表わすと次のようになる。

$$\cos^2 z + \sin^2 z = \left(\frac{e^{iz} + e^{-iz}}{2}\right)^2 + \left(\frac{e^{iz} - e^{-iz}}{2i}\right)^2$$
$$= \frac{e^{2iz} + 2 + e^{-2iz}}{4} + \frac{e^{2iz} - 2 + e^{-2iz}}{-4} = 1$$

よって、$\cos^2 z + \sin^2 z = 1$ が成立する。

● $\cos z$、$\sin z$ は周期 2π の周期関数

実三角関数 $\cos x$、$\sin x$ の周期は 2π であるが、複素三角関数 $\cos z$、$\sin z$ も周期関数であり、その周期は 2π となる。

$$\cos(z + 2\pi) = \frac{e^{i(z+2\pi)} + e^{-i(z+2\pi)}}{2} = \frac{e^{iz} e^{2\pi i} + e^{-iz} e^{-2\pi i}}{2}$$
$$= \frac{e^{iz}(\cos 2\pi + i\sin 2\pi) + e^{-iz}(\cos(-2\pi) + i\sin(-2\pi))}{2}$$
$$= \frac{e^{iz} + e^{-iz}}{2} = \cos z$$

同様にして、$\sin(z + 2\pi) = \sin z$ が成立することがわかる。

● **三角関数の偶奇の性質**

実数 x に対して $\cos x$、$\sin x$ は次の偶奇の性質をもっていた。
$$\cos(-x) = \cos x, \quad \sin(-x) = -\sin x$$
この性質は $\cos z$、$\sin z$ も、もっている。つまり、
$$\cos(-z) = \cos z, \quad \sin(-z) = -\sin z \quad \cdots\cdots ③$$
このことを確かめてみよう。

$\cos z = \dfrac{e^{iz} + e^{-iz}}{2}$ ……① より z に $-z$ を代入すると、
$$\cos(-z) = \frac{e^{i(-z)} + e^{-i(-z)}}{2} = \frac{e^{-iz} + e^{iz}}{2} = \cos z$$

$\sin z = \dfrac{e^{iz} - e^{-iz}}{2i}$ ……② より z に $-z$ を代入すると、
$$\sin(-z) = \frac{e^{i(-z)} - e^{-i(-z)}}{2i} = \frac{e^{-iz} - e^{iz}}{2i} = -\frac{e^{iz} - e^{-iz}}{2i} = -\sin z$$

よって、③の成り立つことがわかる。

● **三角関数の加法定理**

実数 x_1、x_2 に対して次の三角関数の加法定理が成立する。
$$\cos(x_1 \pm x_2) = \cos x_1 \cos x_2 \mp \sin x_1 \sin x_2 \qquad (複号同順)$$
$$\sin(x_1 \pm x_2) = \sin x_1 \cos x_2 \pm \cos x_1 \sin x_2 \qquad (複号同順)$$
この定理は実数 x_1、x_2 が複素数 z_1、z_2 になっても成立する。つまり、
$$\cos(z_1 \pm z_2) = \cos z_1 \cos z_2 \mp \sin z_1 \sin z_2 \quad \cdots\cdots ④ \qquad (複号同順)$$
$$\sin(z_1 \pm z_2) = \sin z_1 \cos z_2 \pm \cos z_1 \sin z_2 \quad \cdots\cdots ⑤ \qquad (複号同順)$$
このことを実際に確かめてみよう。

まず、①$+i\times$② より
$$e^{iz} = \cos z + i\sin z \quad \cdots\cdots ⑥$$
となる。また、e^z の性質（§2-4）より、
$$e^{iz_1} e^{iz_2} = e^{i(z_1+z_2)}, \quad e^{-iz_1} e^{-iz_2} = e^{-i(z_1+z_2)}$$

が成立する。これらの性質と⑥より次の2つの式が成立する。

$$(\cos z_1 + i\sin z_1)(\cos z_2 + i\sin z_2) = \cos(z_1+z_2) + i\sin(z_1+z_2)$$

$$(\cos z_1 - i\sin z_1)(\cos z_2 - i\sin z_2) = \cos(z_1+z_2) - i\sin(z_1+z_2)$$

これら2つの式を展開して

$$\cos z_1\cos z_2 - \sin z_1\sin z_2 + (\cos z_1\sin z_2 + \sin z_1\cos z_2)i$$
$$= \cos(z_1+z_2) + i\sin(z_1+z_2) \quad \cdots\cdots ⑦$$

$$\cos z_1\cos z_2 - \sin z_1\sin z_2 - (\cos z_1\sin z_2 + \sin z_1\cos z_2)i$$
$$= \cos(z_1+z_2) - i\sin(z_1+z_2) \quad \cdots\cdots ⑧$$

(⑦+⑧)÷2より $\cos z_1\cos z_2 - \sin z_1\sin z_2 = \cos(z_1+z_2)$ ……⑨

(⑦-⑧)÷2より $\sin z_1\cos z_2 + \cos z_1\sin z_2 = \sin(z_1+z_2)$ ……⑩

⑨、⑩においてz_2に$-z_2$を代入すると次の式を得る。

$$\cos z_1\cos z_2 + \sin z_1\sin z_2 = \cos(z_1-z_2)$$

$$\sin z_1\cos z_2 - \cos z_1\sin z_2 = \sin(z_1-z_2)$$

以上のことから④⑤が成立することがわかる。

● $|\cos z| \leqq 1$、$|\sin z| \leqq 1$ は成立しない

実三角関数の場合$|\cos x| \leqq 1$、$|\sin x| \leqq 1$だが、複素三角関数の場合$|\cos z| \leqq 1$、$|\sin z| \leqq 1$は成立しない。例えば$z = i$の場合を考えてみよう。

$$\cos z = \frac{e^{iz} + e^{-iz}}{2}、e = 2.71828\cdots\cdots より$$

$$\cos i = \frac{e^{-1} + e^{1}}{2} = \frac{0.367879\cdots + 2.71828\cdots}{2} > 1$$

よって、$|\cos i| > 1$ となる。

● $\cos z$、$\sin z$ は z が実数のとき $\cos x$、$\sin x$ となる

つまり、zが実数xのとき $\cos z = \cos x$、$\sin z = \sin x$である。なお、このことについては前節で説明済みである。

$\cos z$、$\sin z$の性質

複素数 z を変数とする複素関数 $\cos z$、$\sin z$ は次の性質を有する。

(1) $\cos^2 z + \sin^2 z = 1$

(2) $\cos z$、$\sin z$ は周期 2π の周期関数

(3) $\cos(-z) = \cos z$、$\sin(-z) = -\sin z$ （偶奇の性質）

(4) $\cos(z_1 \pm z_2) = \cos z_1 \cos z_2 \mp \sin z_1 \sin z_2$ （複号同順）

$\sin(z_1 \pm z_2) = \sin z_1 \cos z_2 \pm \cos z_1 \sin z_2$ （複号同順）

ただし、z_1、z_2 は複素数とする。

(5) $|\cos z| \leqq 1$、$|\sin z| \leqq 1$ は成立しない。

もう一歩進んで ▶ $\tan z$、$\cot z$、$\sec z$、$\operatorname{cosec} z$ について

本書では $\cos z$、$\sin z$ のみを紹介したが、$\tan z$、$\cot z$、$\sec z$、$\operatorname{cosec} z$ については次のように定義されている。

$$\tan z = \frac{\sin z}{\cos z}、\quad \cot z = \frac{\cos z}{\sin z}、\quad \sec z = \frac{1}{\cos z}、\quad \operatorname{cosec} z = \frac{1}{\sin z}$$

2-8 三角関数 $\cos z$、$\sin z$ の振る舞い

複素数 $z = x + yi$ の変化に対して三角関数

$$w = \cos z = \frac{e^{iz} + e^{-iz}}{2}、\quad w = \sin z = \frac{e^{iz} - e^{-iz}}{2i}$$

の値はどのように変化するのだろうか。ここでは、複素数 z を z 平面で3つのパターンで動かしたときに、$w = \cos z$ が w 平面上でどのように動くかを調べてみることにする。

(1) z の実部だけを変化（虚部固定）させたときの $w = \cos z$ の振る舞い

① $-\pi \leqq x \leqq \pi,\ y = -2$
② $-\pi \leqq x \leqq \pi,\ y = -1$
③ $-\pi \leqq x \leqq \pi,\ y = 0$
④ $-\pi \leqq x \leqq \pi,\ y = 1$
⑤ $-\pi \leqq x \leqq \pi,\ y = 2$

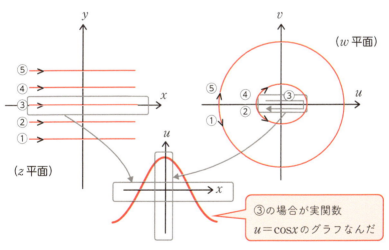

③の場合が実関数 $u = \cos x$ のグラフなんだ

(2) z の虚部だけを変化（実部固定）させたときの $w = \cos z$ の振る舞い

① $-2 \leqq y \leqq 2, x = -2$
② $-2 \leqq y \leqq 2, x = -1$
③ $-2 \leqq y \leqq 2, x = 0$
④ $-2 \leqq y \leqq 2, x = 1$
⑤ $-2 \leqq y \leqq 2, x = 2$

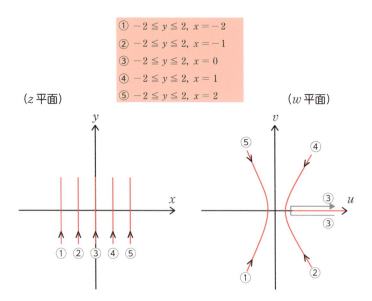

(3) z の大きさを固定し、偏角だけを変化させたときの $w = \cos z$ の振る舞い

① $0 \leqq \theta \leqq 2\pi, r = 0.5$
② $0 \leqq \theta \leqq 2\pi, r = 1$
③ $0 \leqq \theta \leqq 2\pi, r = 1.5$
④ $0 \leqq \theta \leqq 2\pi, r = 2$

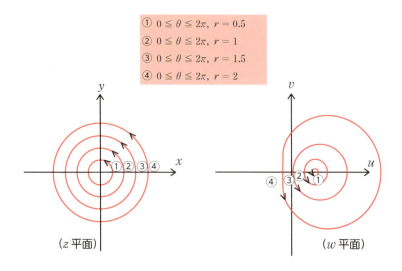

もう一歩進んで ▶ $w = \cos z$ の実部と虚部のグラフ

複素数 $z = x + yi$ に対し、$w = \cos z$ の実部 $u(x, y)$ と虚部 $v(x, y)$ は $w = \cos z = \dfrac{e^{iz} + e^{-iz}}{2}$ より次のようになる。

$$u(x, y) = \frac{1}{2}(e^{-y} + e^{y})\cos x、\quad v(x, y) = \frac{1}{2}(e^{-y} - e^{y})\sin x$$

このことを利用して $w = \cos z$ の実部と虚部のグラフ $\varphi = u(x, y)$、$\xi = v(x, y)$ のグラフを描くと次のようになる。

ただし、$|x| \leqq 2$、$|y| \leqq 2$

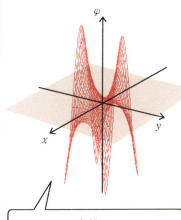

$w = \cos z$ の実部
$\varphi = u(x, y) = \dfrac{1}{2}(e^{-y} + e^{y})\cos x$
のグラフ

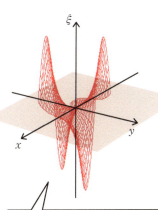

$w = \cos z$ の虚部
$\xi = v(x, y) = \dfrac{1}{2}(e^{-y} - e^{y})\sin x$
のグラフ

2-9 対数関数 $\log_e z$ の定義

複素数 z に対して、**複素対数関数** $\log_e z$ はどのように定義されるのだろうか。これは実数 x で定義された対数関数 $\log_e x$ とどう違うのだろうか。

●まずは、実数 x を変数とする対数関数 $y = \log_e x$ の復習

e を底とする指数関数 $y = e^x$ は、$e > 1$ より、定義域が実数全体で、値域が正の数全体である単調増加関数である（グラフは右図の黒い太い曲線）。

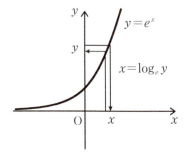

したがって、$y = e^x$ は逆関数をもつ。しかし、$y = e^x$ を x について解いた式を従来の記号では表現できないので、新たな記号 log を使って $x = \log_e y$ と書き、**対数関数**と呼ぶことにする。つまり、

$$y = e^x \quad \Leftrightarrow \quad x = \log_e y$$

$x = \log_e y$ は y から x への対応であり、その定義域は $y = e^x$ とは逆に、正の数全体で値域は実数全体である（グラフは同じ曲線）。これで、逆の対応としての対数関数そのものの説明は完了であるが、数学では定義域の数を x で、値域の数を y で書く習慣があるので、$x = \log_e y$ の x と y を入れ替えた $y = \log_e x$ を対数関数と呼ぶことにする。$y = e^x$ と $x = \log_e y$ のグラフは同じであるが、$y = e^x$ と $y = \log_e x$ のグラフは、x と y を入れ替えたので、直線 $y = x$ に関して対称である（上図）。

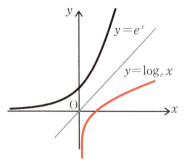

以上が高校数学で学んだ対数関数 $y = \log_e x$ の定義である。

●複素数 z を変数とする対数関数 $w = \log_e z$ の定義

今後、混乱を避けるために、**底が e である実関数の対数関数（自然対数関数）を $\ln$ で、複素関数である対数関数を $\log_e$ で表わす**ことにする。

実指数関数 $y = e^x$ の逆関数として実対数関数 $\ln x$ を定義した。複素関数の場合も、これと同様に、変数が複素数 z である指数関数 $w = e^z$（§2-3）をもとに、この逆関数とし対数関数を定義することにする。

$w = e^z$ を z について解いた式を $z = \log_e w$ とする。このとき、

$$w = e^z \Leftrightarrow z = \log_e w \quad \cdots\cdots ①$$

ここで、①式の z と w を交換すると次の②式を得る。

$$z = e^w \Leftrightarrow w = \log_e z \quad \cdots\cdots ②$$

この $w = \log_e z$ を変数が複素数 z の場合の対数関数と定義する。ここで、$z = x + yi = r(\cos\theta + i\sin\theta)$、$w = u + vi$ とすると、②の左辺は

$$z = r(\cos\theta + i\sin\theta) = e^w = e^{u+vi} = e^u(\cos v + i\sin v)$$

となる。つまり、

$$r(\cos\theta + i\sin\theta) = e^u(\cos v + i\sin v)$$

したがって、

$r = e^u$、$\theta = v + 2\pi$ の整数倍

よって、　$u = \ln r = \ln|z|$、$v = \theta + 2n\pi$　　　（n は整数）

ゆえに、　$w = u + vi = \ln|z| + i(\theta + 2n\pi) = \ln|z| + i\arg z \quad \cdots\cdots ③$

つまり、$w = \log_e z = \ln|z| + i\arg z \quad \cdots\cdots ④$

このことから、対数関数 $\log_e z$ の値は、複素数 z の絶対値の自然対数の値 $\ln|z|$ と z の偏角を i 倍した $i\arg z$ との和ということになる。

● $\log_e z$ の主値 $\mathrm{Log}_e z$

上記④において、$|z|$ の絶対値はただ一通りに決まるが、複素数 z の偏角 $\arg z$ は無数にある。したがって、対数関数 $\log_e z$ は1つの z の値に対して無数の値が存在することになる。つまり、無限多価関数（§1-10）である。……これは指数関数 $w = e^z$ の周期性（§2-4）のためである。

ここで、z の偏角 $\arg z$ はその主値 **Arg**z を利用すれば、

$$\arg z = \mathrm{Arg}\, z + 2n\pi \quad (n \text{ は整数}) \cdots\cdots (\S 1-5)$$

すると先の $\log_e z = \ln|z| + i \arg z$ ……④ は次のように書ける。

$$\log_e z = \ln|z| + i\mathrm{Arg}\, z + 2n\pi i \quad \cdots\cdots ⑤ \quad (n \text{ は整数})$$

ここで、z の偏角として主値 **Arg**z のみを採用すれば、④は

$$\ln|z| + i\mathrm{Arg}\, z$$

となり、一価関数になる。これを対数関数 $w = \log_e z$ の**主値**といい、$\mathrm{Log}_e z$ と書くことにする。つまり、

$$\mathrm{Log}_e z = \ln|z| + i\mathrm{Arg}\, z$$

すると、対数関数 $\log_e z$ とその主値 $\mathrm{Log}_e z$ の関係は、⑤より

$$\log_e z = \mathrm{Log}_e z + 2n\pi i \quad (n \text{ は整数}) \text{ となる}.$$

（注）偏角を1回転の範囲に限定した角を**偏角の主値**といって $\mathrm{Arg}\, z$ と書くのだが、偏角は $0 \leq \theta < 2\pi$、または $-\pi < \theta \leq \pi$ の範囲に限定することが多い。

〔例〕 次の複素数 z に対して $\log_e z$ を求めよ。

(1) $z = 1 + \sqrt{3}\, i$

(2) $z = 1$

（1の解） $z = 1 + \sqrt{3}\, i = 2\left(\dfrac{1}{2} + \dfrac{\sqrt{3}}{2} i\right) = 2\left(\cos\dfrac{\pi}{3} + i\sin\dfrac{\pi}{3}\right)$ より

$$\ln|z| = \ln 2, \quad \arg z = \dfrac{\pi}{3} + 2n\pi \quad (n \text{ は整数})$$

よって、$w = \log_e z = \ln|z| + i \arg z = \ln 2 + i\left(\dfrac{\pi}{3} + 2n\pi\right)$ （n は整数）

参考までに主値は $\text{Log}_e z = \ln|z| + i\text{Arg}z = \ln 2 + \dfrac{\pi}{3}i$ となる。

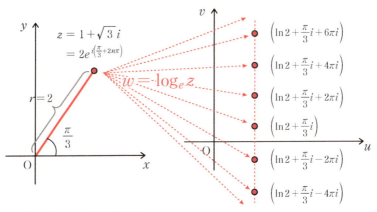

〈w と z の対応関係〉

（2 の解） $\ln|z| = \ln 1$、$\arg z = 0 + 2n\pi$　（n は整数）

よって、$w = \log_e z = \ln|z| + i\arg z = \ln 1 + 2n\pi i = 0 + 2n\pi i = 2n\pi i$

参考までに主値は $\text{Log}_e 1 = \ln|1| + i\text{Arg}1 = 0 + 0i = 0$ となる。

（注）(2) の答えからわかるように、z が正の実数でも $\log_e z$ は無限個の値をとる。そのため、④において $\ln$ と $\log_e$ を使い分けたのである。

対数関数 $\log_e z$ の定義

(1) 対数関数 $\log_e z$ の定義

$$\log_e z = \ln|z| + i\arg z = \ln|z| + i\mathrm{Arg}\,z + 2n\pi i \quad (n\text{ は整数})$$

（注）$\log_e z$ が無限多価関数になる理由は e^z が周期関数であることよる。

(2) 対数関数 $\log_e z$ の主値

$$\mathrm{Log}_e z = \ln|z| + i\mathrm{Arg}\,z$$

（注）$\ln$ は実関数の自然対数関数、$\theta_0 = \mathrm{Arg}\,z$

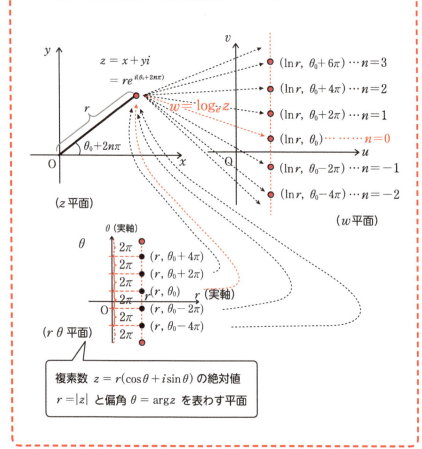

2-10 対数関数 $\log_e z$ の性質

実関数の自然対数関数 $\ln x$ には次の性質がある。

$$\ln x_1 + \ln x_2 = \ln x_1 x_2 \qquad \ln x_1 - \ln x_2 = \ln \frac{x_1}{x_2}$$

変数が複素数 z の複素対数関数 $\log_e z$ の場合はどうだろうか。

このことを $\log_e z_1 + \log_e z_2 = \log_e z_1 z_2$ ……① について見てみよう。例として次の2つの複素数 z_1、z_2 を採用する。

$$z_1 = 3\left(\cos\frac{\pi}{4} + i\sin\frac{\pi}{4}\right) \qquad z_2 = 2\left(\cos\frac{\pi}{3} + i\sin\frac{\pi}{3}\right)$$

このとき、$\log_e z_1 = \ln 3 + \frac{\pi}{4}i + 2n\pi i$、$\log_e z_2 = \ln 2 + \frac{\pi}{3}i + 2m\pi i$

ただし、n、m は任意の整数とする。

ゆえに、

$$\log_e z_1 + \log_e z_2 = \ln 3 + \ln 2 + \frac{\pi}{4}i + 2n\pi i + \frac{\pi}{3}i + 2m\pi i$$

$$= \ln 3 + \ln 2 + \frac{7\pi}{12}i + 2\pi(n+m)i = \ln 6 + \frac{7\pi}{12}i + 2\pi(n+m)i$$

また、

$$z_1 z_2 = 6\left(\cos\left(\frac{\pi}{4} + \frac{\pi}{3}\right) + i\sin\left(\frac{\pi}{4} + \frac{\pi}{3}\right)\right) = 6\left(\cos\frac{7\pi}{12} + i\sin\frac{7\pi}{12}\right)$$

よって、$\log_e z_1 z_2 = \ln 6 + \frac{7\pi}{12}i + 2\pi k i$ （k は任意の整数）

ゆえに、①式は任意の整数 n、m、k について成立するとはいえない（ただし、整数 n、m、k を適当にとれば①は成立する。つまり、2π の整数倍の違いを無視すれば成立する。または、多価関数の値の集合として①は成立するともいえる）。

それでは、①式を対数関数の主値に限定したらどうだろうか。

つまり、$\text{Log}_e z_1 + \text{Log}_e z_2 = \text{Log}_e z_1 z_2$ ……②　はどうだろうか。

$\text{Log}_e z_1 = \ln|z_1| + i\text{Arg} z_1 = \ln 3 + \dfrac{\pi}{4}i$、$\text{Log}_e z_2 = \ln|z_2| + i\text{Arg} z_2 = \ln 2 + \dfrac{\pi}{3}i$

また、②より $\text{Log}_e z_1 z_2 = \ln|z_1 z_2| + i\text{Arg} z_1 z_2 = \ln 6 + \dfrac{7\pi}{12}i$ となるので、

$$\text{Log}_e z_1 + \text{Log}_e z_2 = \ln 3 + \ln 2 + \dfrac{\pi}{4}i + \dfrac{\pi}{3}i = \ln 6 + \dfrac{7\pi}{12}i = \text{Log}_e z_1 z_2$$

となる。よって、このとき②は成立する。

しかし、反例もある。$z_1 = z_2 = -1 = \cos\pi + i\sin\pi$ の場合を調べてみるとどうだろうか。このとき、

$$\text{Log}_e z_1 = \ln|-1| + i\text{Arg} z_1 = \ln 1 + \pi i = 0 + \pi i = \pi i$$

$\text{Log}_e z_1 = \text{Log}_e z_2$ より　$\text{Log}_e z_1 + \text{Log}_e z_2 = \pi i + \pi i = 2\pi i$

また、$z_1 z_2 = (-1)(-1) = 1 = \cos 0 + i\sin 0$ より

$$\text{Log}_e z_1 z_2 = \ln|z_1 z_2| + i\text{Arg} z_1 z_2 = \ln 1 + 0i = 0 + 0 = 0$$

$2\pi i \neq 0$ より、このとき②は不成立である。

（注）$\text{Arg} z$ を $0 \leq \text{Arg} z < 2\pi$ としても $-\pi < \text{Arg} z \leq \pi$ としても上記の結論は同じである。

　対数関数 $\log z$ の性質

$\log_e z_1 z_2 = \log_e z_1 + \log_e z_2$、$\log_e \dfrac{z_1}{z_2} = \log_e z_1 - \log_e z_2$ は $2\pi i$ の整数倍の違いを無視すれば成立する。

2-11 対数関数 $\log_e z$ の振る舞い

複素数 z の変化に対して、対数関数 $w = \log_e z$ の値はどのように変化するのだろうか、調べてみよう。ただし、対数関数 $\log_e z$ は無限多価関数なので、対数関数の主値 $w = \mathrm{Log}_e z = \ln|z| + i\,\mathrm{Arg}\,z$ についてのみ、その振る舞いを調べてみることにする。

(1) z の実部だけを変化（虚部固定）させたときの $\mathrm{Log}_e z$ の振る舞い

① $-3 \leq x \leq 3,\ y = -1$
② $-3 \leq x \leq 3,\ y = -0.5$
③ $-3 \leq x \leq 3,\ y = 0$
④ $-3 \leq x \leq 3,\ y = 0.5$
⑤ $-3 \leq x \leq 3,\ y = 1$

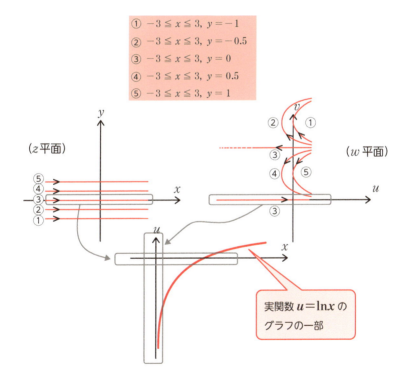

実関数 $u = \ln x$ のグラフの一部

（2）z の虚部だけを変化（実部固定）させたときの $\mathrm{Log}_e z$ の振る舞い

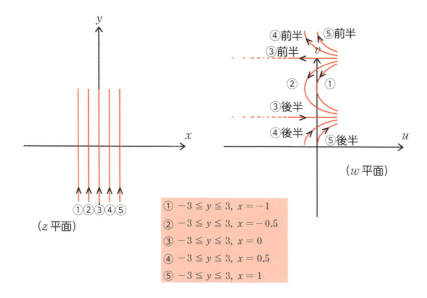

（3）z の大きさを固定し、偏角だけを変化させたときの $\mathrm{Log}_e z$ の振る舞い

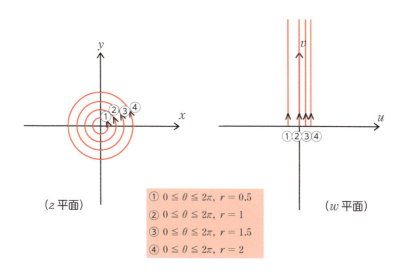

もう一歩進んで $w = \mathrm{Log}_e z$ の実部と虚部のグラフ

複素数 $z = x + yi$ に対して $w = \mathrm{Log}_e z$ の実部 $u(x, y)$ と虚部 $v(x, y)$ は、

$$\mathrm{Log}_e z = \ln|z| + i\mathrm{Arg}z$$

より、次のようになる。

$$u(x, y) = \ln|z| = \ln\sqrt{x^2 + y^2}、\quad v(x, y) = \mathrm{Arg}z$$

（注）z の偏角の主値 $\mathrm{Arg}z$ の値は基本的には逆三角関数 $\tan^{-1}\dfrac{y}{x}$ により定まる。

このことを利用して $w = \mathrm{Log}_e z$ の実部と虚部のグラフ $\varphi = u(x, y)$、$\xi = v(x, y)$ のグラフを各々描くと次のようになる。

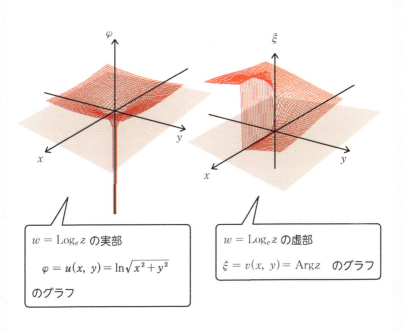

$w = \mathrm{Log}_e z$ の実部
$\varphi = u(x, y) = \ln\sqrt{x^2 + y^2}$
のグラフ

$w = \mathrm{Log}_e z$ の虚部
$\xi = v(x, y) = \mathrm{Arg}z$ のグラフ

2-12 ベキ関数 z^a の定義

指数 a と変数 x が実数のとき、関数 x^a を**ベキ関数**（**累乗関数**）というが、関数 x^a の定義は簡単ではなかった。指数 a が自然数の場合からスタートして指数 a が実数に至るまで徐々に拡張しながら x^a を定義したのである。それでは、指数 a と変数 z がともに複素数のとき、ベキ関数 z^a の定義はどうなるのだろうか。

●まず、指数 a と変数 x が実数のときの「ベキ関数 x^a」の復習

指数 a と変数 x がともに実数のとき、ベキ関数 x^a の値は、以下のようにして拡張定義されてきた。

(1) 指数 a が自然数 n のときは、x^n は $x \times x \times \cdots \times x$ というように、「x を n 回掛け合わせたもの」である。

(2) 指数 a が 0 のときは、$x^a = x^0 = 1$ と定義した。

(3) a が負の整数 $-m$（$m>0$）のときは、$x^a = x^{-m} = \dfrac{1}{x^m}$ と定義した。

(4) a が有理数 $\dfrac{n}{m}$（m、n は整数で $m>0$）のときは、$x^a = x^{\frac{n}{m}} = \sqrt[m]{x^n}$ と定義した。ただし、$x>0$ で、$\sqrt[m]{x^n}$ は m 乗したら x^n になる数である。

(5) a が無理数のときは、a を極限値にもつ有理数の無限数列 $\{q_n\}$ をもとに、数列 $\{x^{q_n}\}$ の極限値として x^a を定義した。ただし、$x>0$。

以上の拡張によって、任意の実数指数 a について x^a の値が定まることになる。ただし、指数 a の値によって x の範囲が限定された。

●指数 a と変数 z がともに複素数のときの「ベキ関数 z^a」の定義

指数 a と変数 x が実数のとき $y = x^a$ は $y = e^{a \ln x}$ と書ける（次ページ「参考」を参照）。ただし、$x>0$ とする。

そこで、複素数$z(\neq 0)$とaに対してベキ関数 $w = z^a$ を次の式で定義する。

$$w = e^{a\log_e z}$$

ここで、複素数zに対して$\log_e z$は複素数（§2−9）で、aも複素数であるから、aと$\log_e z$の積$a\log_e z$も複素数である。また、$e^{複素数}$は§2−3で定義したように複素数なので、複素数a、zに対して$e^{a\log_e z}$は複素数としての値をもつことになる。この値がベキ関数$w = z^a$の値である。ただし、$\log_e z$は無限多価関数なので、$w = z^a = e^{a\log_e z}$の値は1つとは限らない。wの値が実際にいくつになるのかは、指数a次第である。このことは次節で考察しよう。

 ベキ関数 z^a の定義

指数aと変数zがともに複素数のとき、**ベキ関数 z^a** を次の式で定義する。

$$z^a = e^{a\log_e z} \left(= e^{a(\ln|z| + i\arg z)}\right) \quad \cdots\cdots \quad \log_e z \text{は§2−9参照}$$

 $y = x^a \Leftrightarrow y = e^{a\ln x}$

$y = x^a \Leftrightarrow \ln y = \ln x^a \Leftrightarrow \ln y = a\ln x \Leftrightarrow y = e^{a\ln x}$

が成立する。よって「$y = x^a \Leftrightarrow y = e^{a\ln x}$」である。

（注）対数の定義「$\log_\triangle \odot = \square \Leftrightarrow \odot = \triangle^\square$」より、「$\ln \odot = \square \Leftrightarrow \odot = e^\square$」となる。ここで$\ln$は底が$e$である自然対数である。

2-13 ベキ関数 z^a の性質

指数 a と変数 z がともに複素数のとき、ベキ関数 z^a は対数関数 $\log_e z$ を使って次のように定義した。

$$z^a = e^{a\log_e z} = e^{a(\ln|z|+i\arg z)} \quad \cdots\cdots ①$$

ここで、z の偏角 $\arg z$ はいろいろな値をとるので、①の値は1つとは限らない。その個数は指数 a の値によって微妙に変化することになる。

●指数 a が正の整数 m のとき、ベキ関数 z^a は一価関数

θ_0 を z の偏角の主値とすると、$\arg z = \text{Arg}\, z + 2n\pi = \theta_0 + 2n\pi$ より、z^m は定義①より次の値となる。ただし、$r=|z|$、n は整数とする。

$$z^m = e^{m\log_e z} = e^{m(\ln r + i(\theta_0 + 2n\pi))} = e^{m\ln r} e^{im(\theta_0 + 2n\pi)} = e^{\ln r^m} e^{im\theta_0} e^{2imn\pi} \quad \text{(注1)}$$

$$= r^m (\cos m\theta_0 + i\sin m\theta_0)(\cos 2mn\pi + i\sin 2mn\pi) \quad \text{(注2)}$$

$$= r^m (\cos m\theta_0 + i\sin m\theta_0)$$

となり、z^m の値は整数 m に対してただ1つ確定する。よって、z^m は一価関数である。

(注1) $e^{\ln r^m} = \rho$ として両辺の対数をとると $\ln r^m = \ln \rho$。よって、$\rho = r^m$ となる。これと、$e^{\ln r^m} = \rho$ より $e^{\ln r^m} = r^m$ となる。

(注2) $\cos 2mn\pi + i\sin 2mn\pi = 1 + 0i = 1$

〔例〕 z^2 は一価関数である。

●指数 a が $1/m$ (m は正の整数)のとき、ベキ関数 z^a は m 価関数

$\theta_0 = \text{Arg}\, z$、$r=|z|$ とし、n は整数とする。このとき $z^{\frac{1}{m}}$ は定義①より次の値をもつ。

$$z^{\frac{1}{m}} = e^{\frac{\log_e z}{m}} = e^{\frac{\ln|z|+i(\theta_0+2n\pi)}{m}} = e^{\frac{\ln r}{m}} e^{i\left(\frac{\theta_0}{m}+\frac{2n\pi}{m}\right)} = e^{\ln r^{\frac{1}{m}}} e^{i\left(\frac{\theta_0}{m}+\frac{2n\pi}{m}\right)}$$
$$= r^{\frac{1}{m}}\left(\cos\left(\frac{\theta_0}{m}+\frac{2n\pi}{m}\right)+i\sin\left(\frac{\theta_0}{m}+\frac{2n\pi}{m}\right)\right) \quad \cdots\cdots ②$$

← 前ページの注1

これは n が 0、1、2、$\cdots$、$m-1$ の場合のときの m 通りの値をとる。したがって、$z^{\frac{1}{m}}$ は m 価関数である。

〔例〕 $z^{\frac{1}{2}}$ はどんな関数か。

②より $w = z^{\frac{1}{2}} = r^{\frac{1}{2}}\left(\cos\left(\frac{1}{2}\theta_0 + n\pi\right)+i\sin\left(\frac{1}{2}\theta_0 + n\pi\right)\right)$ （n は整数）

これは2価関数である。ここで、例えば、$z=-1$ の場合の関数値 w は $r=|z|=1$、$\theta_0 = \mathrm{Arg}\,z = \pi$ より次のようになる。

$$(-1)^{\frac{1}{2}} = r^{\frac{1}{2}}\left(\cos\left(\frac{1}{2}\theta_0 + n\pi\right)+i\sin\left(\frac{1}{2}\theta_0 + n\pi\right)\right)$$
$$= \cos\left(\frac{\pi}{2}+n\pi\right)+i\sin\left(\frac{\pi}{2}+n\pi\right)$$

よって、n が偶数のとき $w=i$、n が奇数のとき $w=-i$ となる。
（注）$n=0$ のときの w の値 i は、この関数の主値である。

●指数 a が k/m のとき、ベキ関数 z^a は m 価関数

ここで、m は正の整数、k は整数、m と k は互いに素とする。$r=|z|$、θ_0 を z の偏角の主値、つまり、$\theta_0 = \mathrm{Arg}\,z$ とすると、$z^{\frac{k}{m}}$ は定義①より次の値をもつ。

$$z^{\frac{k}{m}} = e^{\frac{k}{m}\log_e z} = e^{\frac{k}{m}(\ln|z|+i(\theta+2n\pi))} = e^{\frac{k}{m}\ln r} e^{i\left(\frac{k\theta_0}{m}+\frac{2nk\pi}{m}\right)}$$
$$= r^{\frac{k}{m}}\left(\cos\left(\frac{k}{m}\theta_0 + 2\pi\frac{kn}{m}\right)+i\sin\left(\frac{k}{m}\theta_0 + 2\pi\frac{kn}{m}\right)\right) \quad \cdots\cdots ③$$

これは整数 n が 0、1、2、$\cdots$、$m-1$ の場合のときの異なる m 通りの値

をとる。その他の n の場合は、これら m 通りのどれかと一致する。

したがって、$w = z^{\frac{k}{m}}$ は m 価関数である。

〔例〕 $z^{\frac{2}{3}}$ はどんな関数か。

③より

$$z^{\frac{2}{3}} = r^{\frac{2}{3}}\left(\cos\left(\frac{2}{3}\theta_0 + \frac{4}{3}n\pi\right) + i\sin\left(\frac{2}{3}\theta_0 + \frac{4}{3}n\pi\right)\right) \quad \cdots\cdots ④$$

ただし、$r = |z|$、$\theta_0 = \mathrm{Arg}\,z$、$n$ は整数

例えば、$z = 1 + \sqrt{3}\,i$ のときの関数値 $z^{\frac{2}{3}}$ を求めてみよう。

$r = |z| = 2$、$\theta_0 = \mathrm{Arg}\,z = \dfrac{\pi}{3}$ を④に代入すると次のようになる。

$$2^{\frac{2}{3}}\left(\cos\left(\frac{2}{9}\pi + \frac{4}{3}\pi n\right) + i\sin\left(\frac{2}{9}\pi + \frac{4}{3}\pi n\right)\right)$$

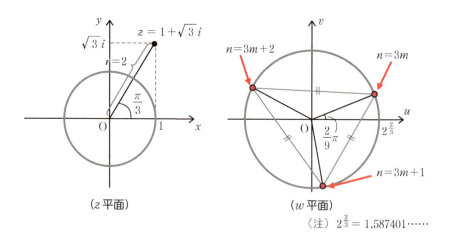

(z 平面)   (w 平面)

（注）$2^{\frac{2}{3}} = 1.587401\cdots\cdots$

●指数 a が無理数 μ のとき、ベキ関数 z^a は無限多価関数

指数 a が無理数 μ のときの z^a の値は次のようになる。

$$z^\mu = e^{\mu \log_e z} = e^{\mu(\ln|z| + i(\theta_0 + 2n\pi))} = e^{\mu \ln r} e^{i\mu(\theta_0 + 2n\pi)} = e^{\ln r^\mu} e^{i\mu\theta_0} e^{2i\mu n\pi}$$

$$= r^\mu (\cos\mu\theta_0 + i\sin\mu\theta_0)(\cos 2\mu n\pi + i\sin 2\mu n\pi)$$

ただし、$\theta_0 = \mathrm{Arg}\,z$、$r = |z|$、$n$ は整数とする。

ここで、$(\cos 2\mu n\pi + i\sin 2\mu n\pi)$ は n が整数値をとって変化するとき、すべて異なる値となる。このことは、次のように背理法で示される。

もし、異なる整数 n_1、n_2 で $2\mu n_1 \pi - 2\mu n_2 \pi = 2m\pi$ と書けたとする。ただし、m はある整数とする。このとき、$\mu = \dfrac{m}{n_1 - n_2}$ となる。

すると、無理数 = 有理数となり、矛盾である。よって、n が異なれば $(\cos 2\mu n\pi + i\sin 2\mu n\pi)$ はすべて異なる数である。

よって、a が無理数のときは無限多価関数となる。

〔例〕 $z^{\sqrt{2}}$ はどんな関数か。

$$z^{\sqrt{2}} = e^{\sqrt{2}\log_e z} = e^{\sqrt{2}(\ln|z| + i(\theta_0 + 2n\pi))} = e^{\sqrt{2}\ln r} e^{i(\sqrt{2}\theta_0 + 2\pi n\sqrt{2})}$$

$$= r^{\sqrt{2}} (\cos(\sqrt{2}\,\theta_0 + 2\sqrt{2}\,\pi n) + i\sin(\sqrt{2}\,\theta_0 + 2\sqrt{2}\,\pi n))$$

ただし、$\theta_0 = \mathrm{Arg}\,z$、$r = |z|$、$n$ は整数とする。

●指数 a が虚数のときのベキ関数 z^a の値は?

ここまでは、指数 a が実数の場合を調べてきた。実数 a の値によって z^a は一価関数であったり、m 価関数であったり、また、無限多価関数であったりとまちまちである。それでは、a が虚数のときについてはどうなるのだろうか。

ここで、$a = p + qi$（p, q は実数。$q \neq 0$）とし、$\theta_0 = \mathrm{Arg}\,z$、$r = |z|$、$n$ は整数とすると $w = z^a$ は①より、

$$w = e^{a\log_e z} = e^{(p+qi)(\ln r + i(\theta_0 + 2n\pi))} = e^{(p\ln r - q(\theta_0 + 2n\pi)) + (p(\theta_0 + 2n\pi) + q\ln r)i}$$
$$= e^{p\ln r - q(\theta_0 + 2n\pi)}\{\cos(p(\theta_0 + 2n\pi) + q\ln r) + i\sin(p(\theta_0 + 2n\pi) + q\ln r)\}$$

となる。すると、$|w| = e^{p\ln r - q(\theta_0 + 2n\pi)}$ だけ見ても n が整数をとって変化すれば無数の値をとることがわかるので、$w = z^a$ は無限多価関数となる。

●「ベキ関数 z^a」の主値

指数 a と変数 z がともに複素数のとき、ベキ関数 z^a は次のように対数関数 $\log_e z$ を使って

$$z^a = e^{a\log_e z} \quad \cdots\cdots ⑤$$

と定義された。

ここで、$\log_e z$ について主値 $\mathrm{Log}_e z$ を採用すれば、⑤は一価関数となる。つまり、$\mathrm{Log}_e z = \ln|z| + i\mathrm{Arg}z$ より $\theta_0 = \mathrm{Arg}z$ とすると、

$$z^a = e^{a\mathrm{Log}_e z} = e^{a(\ln r + i\mathrm{Arg}z)} = e^{a\ln r}e^{ia\theta_0} = r^a(\cos a\theta_0 + i\sin a\theta_0)$$

となり、⑤は一価関数となる。この関数値をベキ関数 z^a の**主値**という。

〔例1〕 i^i はどんな複素数か。

これはベキ関数 z^i の $z = i$ における値である。

$\ln r = \ln|i| = \ln 1 = 0$、$\theta_0 = \mathrm{Arg}i = \dfrac{\pi}{2}$ と①より、

$$i^i = e^{i\log_e i} = e^{i(\ln|i| + i(\theta_0 + 2n\pi))} = e^{i^2\left(\frac{\pi}{2} + 2n\pi\right)} = e^{-\left(\frac{1}{2} + 2n\right)\pi}$$

ただし、n は整数。よって、i^i は無数の実数値をとる。
なお、i^i の主値は $n=0$ として $e^{-\frac{\pi}{2}} = 0.2079\cdots\cdots$ である。

〔例2〕 3^{1+i} はどんな複素数か。

これはベキ関数 z^{1+i} の $z=3$ における値である。

$\ln r = \ln|3| = \ln 3$、$\theta_0 = \mathrm{Arg}(3) = 0$ と①より、

$$3^{1+i} = e^{(1+i)\log_e 3} = e^{(1+i)(\ln|3| + i(\theta_0 + 2n\pi))} = e^{(1+i)(\ln 3 + 2n\pi i)}$$

$$= e^{(\ln 3 - 2n\pi) + i(\ln 3 + 2n\pi)}$$

$$= e^{\ln 3} e^{-2n\pi} \{\cos(\ln 3 + 2n\pi) + i\sin(\ln 3 + 2n\pi)\}$$

$$= 3e^{-2n\pi} \{\cos(\ln 3) + i\sin(\ln 3)\}$$

なお、3^{1+i} の主値は $n=0$ とした $3(\cos(\ln 3) + i\sin(\ln 3))$ である。

〔例3〕 1^i はどんな複素数か。

これはベキ関数 z^i の $z=1$ における値である。

$\ln r = \ln|1| = \ln 1 = 0$、$\theta_0 = \text{Arg}(1) = 0$ と①より、

$$1^i = e^{i\log_e 1} = e^{i(\ln|1| + i(\theta_0 + 2n\pi))} = e^{i(2n\pi i)} = e^{-2n\pi}$$

なお、1^i の主値は $n=0$ として $e^0 = 1$ である。

〔例4〕 $(1+\sqrt{3}\,i)^{2+i}$ はどんな複素数か。

これはベキ関数 z^{2+i} の $z=1+\sqrt{3}\,i$ における値である。

$\ln r = \ln|1+\sqrt{3}\,i| = \ln 2$、$\theta_0 = \text{Arg}(1+\sqrt{3}\,i) = \dfrac{\pi}{3}$ と①より、

$$(1+\sqrt{3}\,i)^{2+i} = e^{(2+i)\log_e(1+\sqrt{3}\,i)} = e^{(2+i)(\ln|1+\sqrt{3}\,i| + i(\theta_0 + 2n\pi))}$$

$$= e^{(2+i)\left(\ln 2 + i\left(\frac{\pi}{3} + 2n\pi\right)\right)} = e^{\left(2\ln 2 - \frac{\pi}{3} - 2n\pi\right) + i\left(\ln 2 + \frac{2}{3}\pi + 4n\pi\right)}$$

$$= e^{\ln 4} e^{-\left(\frac{\pi}{3} + 2n\pi\right)} \left\{\cos\left(\ln 2 + \frac{2}{3}\pi + 4n\pi\right) + i\sin\left(\ln 2 + \frac{2}{3}\pi + 4n\pi\right)\right\}$$

$$= 4e^{-\left(\frac{\pi}{3} + 2n\pi\right)} \left\{\cos\left(\ln 2 + \frac{2}{3}\pi\right) + i\sin\left(\ln 2 + \frac{2}{3}\pi\right)\right\}$$

なお、$(1+\sqrt{3}\,i)^{2+i}$ の主値は $n=0$ とした

$$4e^{-\frac{\pi}{3}} \left\{\cos\left(\ln 2 + \frac{2}{3}\pi\right) + i\sin\left(\ln 2 + \frac{2}{3}\pi\right)\right\}$$

である。

〔例5〕 $(-1)^{\frac{1}{2}}$ はどんな複素数か。

$\ln r = \ln|-1| = \ln 1 = 0$、$\theta_0 = \mathrm{Arg}(-1) = \pi$ と①より、

$$(-1)^{\frac{1}{2}} = e^{\frac{1}{2}\log_e(-1)} = e^{\frac{1}{2}(\ln|-1|+i(\pi+2n\pi))} = e^{i\left(\frac{\pi}{2}+n\pi\right)}$$

$$= \cos\left(\frac{\pi}{2}+n\pi\right) + i\sin\left(\frac{\pi}{2}+n\pi\right)$$

したがって、$(-1)^{\frac{1}{2}} = \pm i$ となる。$(-1)^{\frac{1}{2}}$ の主値は $n=0$ とした $(-1)^{\frac{1}{2}} = i$ である。このことが、$\sqrt{-1} = i$ と結び付く。

 ベキ関数 z^a は千変万化

● 指数 a と変数 $z(\neq 0)$ がともに複素数のとき

$$z^a = e^{a\log_e z} = e^{a(\ln|z|+i\arg z)} = e^{a(\ln r + i(\theta_0 + 2n\pi))}$$

ただし、$\theta_0 = \mathrm{Arg}\, z$、$r = |z|$、$n$ は整数とする。

これは **a の値によって一価関数から無限多価関数までいろいろ** である。

● ベキ関数 z^a の主値は $e^{a(\ln|z|+i\mathrm{Arg}\, z)}$

もう一歩進んで ▶ 1 の m 乗根

1 の m 乗根、つまり、$w^m = 1$ の解は $1^{\frac{1}{m}}$ の値だから②より右図の m 個である。ただし、m は正の整数とする。

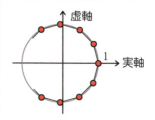

1 の m 乗根は正 m 角形の頂点に対応

2-14 ベキ関数 z^a の振る舞い

ベキ関数 $w = z^a$ は、a の値によって一価関数、m 価関数、多価関数といろいろ様変わりする。しかし、z を極表示する際に偏角の主値 $\theta_0 = \mathrm{Arg}z$ を採用すれば、$w = z^a$ は次のような一価関数になる。

$$w = z^a = e^{a(\ln r + i\theta_0)} \quad \cdots\cdots ①$$

ここでは、この関数①について、その振る舞いを z 平面と w 平面を用いて調べてみることにする。

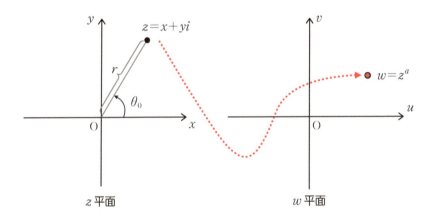

● $w = z^{2+i}$ の振る舞い

$\theta_0 = \mathrm{Arg}z$ として $w = z^{2+i}$ の主値を求めると、次のようになる。

$$w = z^{2+i} = e^{(2+i)\log_e z} = e^{(2+i)(\ln r + i\theta_0)} = e^{(2\ln r - \theta_0) + (\ln r + 2\theta_0)i}$$

$$= e^{(2\ln r - \theta_0)} e^{(\ln r + 2\theta_0)i}$$

$$= e^{(2\ln r - \theta_0)} \{\cos(\ln r + 2\theta_0) + i\sin(\ln r + 2\theta_0)\} \quad \cdots\cdots ②$$

これをもとに $w = z^{2+i}$ の z 平面と w 平面の対応関係を調べてみよう。

(1) z の実部だけを変化（虚部固定）させたときの $w = z^{2+i}$ の振る舞い

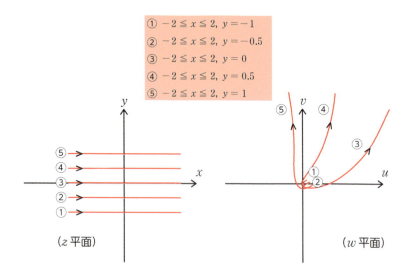

① $-2 \leq x \leq 2, y = -1$
② $-2 \leq x \leq 2, y = -0.5$
③ $-2 \leq x \leq 2, y = 0$
④ $-2 \leq x \leq 2, y = 0.5$
⑤ $-2 \leq x \leq 2, y = 1$

(z 平面)　　　　　　　　　　　　　　　(w 平面)

（注）②式では複素数 z の絶対値 r と偏角 θ を利用している。そこで②のグラフを描くに当たって複素数 $z = x + yi$ と極座標 $z = r(\cos\theta + i\sin\theta)$ の次の変換式を利用している。

$$(x, y) \xrightarrow{r = \sqrt{x^2 + y^2},\ \theta = \tan^{-1}\left(\dfrac{y}{x}\right)} (r, \theta)$$
$$x = r\cos\theta,\ y = r\sin\theta$$

（注）$\tan^{-1}$ は $\tan$ の逆関数。arctan とも書かれる。

(2) z の虚部だけを変化（実部固定）させたときの $w = z^{2+i}$ の振る舞い

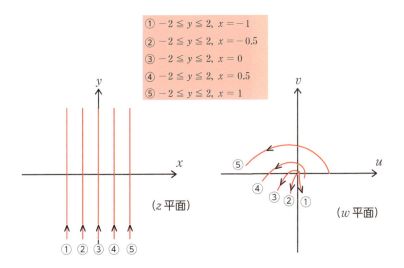

(3) z の大きさを固定し、偏角を変化させたときの $w = z^{2+i}$ の振る舞い

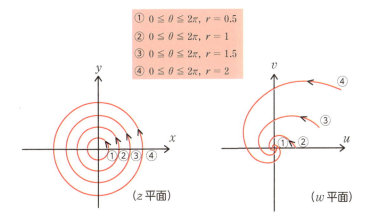

もう一歩進んで　$w = z^{\frac{1}{2}}$（2価関数）の実部と虚部のグラフ

複素数 $z = x + yi$ に対して $w = z^{\frac{1}{2}}$ の実部 $u(x, y)$ と虚部 $v(x, y)$ は次のようになる（§2-13の〔例〕）。ただし、$0 \leq \mathrm{Arg}\, z < 2\pi$ とする。

$$u(x, y) = r^{\frac{1}{2}} \cos\left(\frac{1}{2}\mathrm{Arg}\, z + n\pi\right), \quad v(x, y) = r^{\frac{1}{2}} \sin\left(\frac{1}{2}\mathrm{Arg}\, z + n\pi\right)$$

これらは n が偶数か奇数かで異なる値をとる。

(n が偶数の時)

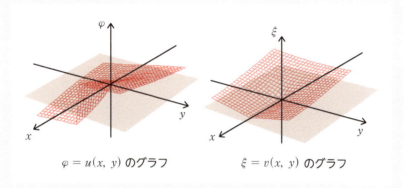

$\varphi = u(x, y)$ のグラフ　　　$\xi = v(x, y)$ のグラフ

(n が奇数の時)

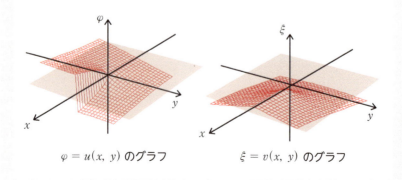

$\varphi = u(x, y)$ のグラフ　　　$\xi = v(x, y)$ のグラフ

第3章

実関数の微分・積分

複素関数の微分・積分について学ぶ前に、まずは、実関数の微分・積分を復習しておこう。とくに、偏微分と積分（§3-6〜§3-7）については高校の教科書には掲載されていない考え方なので、必ず目を通してほしい。

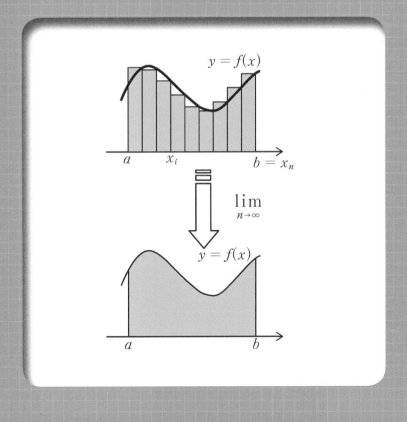

3-1 関数の連続

関数 $f(x)$ が $x = a$ で連続であるかどうかは、微分・積分を考える上で極めて大事なことである。そこで、連続の定義を復習しておこう。なお、本章では関数といえば高校で学んだ実関数のことを意味する。

●連続とはグラフがつながっていること

関数 $f(x)$ が $x = a$ で連続ということは、視覚にうったえれば、$y = f(x)$ のグラフが $x = a$ で切れ目なくつながっているということである（右図）。このことを式で表現すると次のようになる。

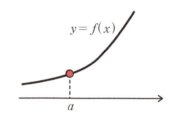

$$\lim_{x \to a} f(x) = f(a)$$

これは、$x \to a$ のとき $f(x)$ が一定の値に近づき、それが $x = a$ における関数値 $f(a)$ に等しいことを意味している。右下図では、

$$\lim_{x \to a} f(x) = b \neq f(a)$$

となり、$x = a$ で連続ではない。なお、$x \to a$ とは x が a とは異なる値をとりながら a に限りなく近づくことを意味する。したがって、x が a に等しくなることはない。

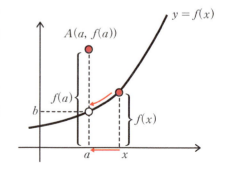

3-2 微分可能

関数の変化の様子を探るのに、微分は非常に重要な役割をはたす。それゆえ、実関数の微分可能ということについて復習しておこう。

● 微分可能とは

「$\Delta x \to 0$のとき $\dfrac{f(a+\Delta x)-f(a)}{\Delta x}$ が一定の値に収束すれば、関数$f(x)$は$x=a$で **微分可能**である」という。また、この一定の値を関数$f(x)$の$x=a$における **微分係数**といい、$f'(a)$と書く。つまり、

$$f'(a) = \lim_{\Delta x \to 0} \frac{f(a+\Delta x)-f(a)}{\Delta x}$$

なお、$\Delta x \to 0$とは、$\Delta x > 0$で0に近づいてもよいし、$\Delta x < 0$で0に近づいてもよい。また、正負が交互に変化して0に近づいてもよい。いずれにせよ、$\Delta x \to 0$のとき$a+\Delta x$は数直線上でaに近づくことになる。

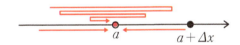

● 微分可能をグラフで見ると

関数$f(x)$は$x=a$の近くで定義されているとする。このとき、

$\Delta y = f(a+\Delta x)-f(a)$ とすると、$\dfrac{\Delta y}{\Delta x}$、つまり、

$\dfrac{f(a+\Delta x)-f(a)}{\Delta x}$ は次ページの図の2点A、Bを通る直線lの傾きを表わす。すると、$x=a$で微分可能である、つまり、

$\Delta x \to 0$のとき $\dfrac{\Delta y}{\Delta x} = \dfrac{f(a+\Delta x)-f(a)}{\Delta x}$

が収束するということは、点Bを点Aに限りなく近づけたとき、「直線lの傾きが一定の値に近づく」ことを意味する。

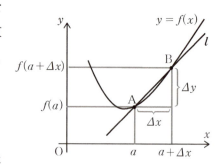

（注）Δxは正でも負でもよい。右の図は $\Delta x > 0$ の場合。

なお、点Bを点Aに限りなく近づけたとき、直線lの傾きが一定の値に近づくということを視覚的に表現してみよう。

このことは、点Aの付近でグラフは滑らかで、グラフをドンドン拡大していくと、**グラフはそこで直線とみなせる**ということである。つまり、拡大して直線とみなせたときに微分可能であり、その直線の傾きが微分係数である。

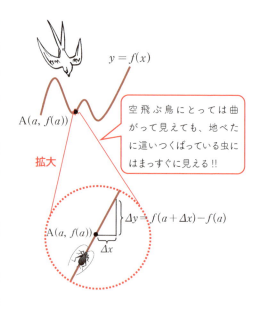

空飛ぶ鳥にとっては曲がって見えても、地べたに這いつくばっている虫にはまっすぐに見える!!

3-3 導関数

関数 $f(x)$ に対して $\Delta x \to 0$ のとき $\dfrac{f(a+\Delta x)-f(a)}{\Delta x}$ がある一定の値に収束すれば、その値を関数 $f(x)$ の $x=a$ における微分係数といい $f'(a)$ と書いた（前節）。ここでは、$x=a$ に対して $f'(a)$ を対応させる関数を考える。

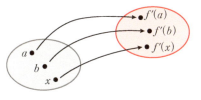

● 導関数

$x=a$ に対して $f'(a)$ を対応させる関数を $f'(x)$ と書き、$f(x)$ の**導関数**という。式で書けば次のようになる。

$$f'(x) = \lim_{\Delta x \to 0}\frac{\Delta y}{\Delta x} = \lim_{\Delta x \to 0}\frac{f(x+\Delta x)-f(x)}{\Delta x}$$

なお、導関数の記号は $f'(x)$ の他に y'、$\dfrac{dy}{dx}$、$\dfrac{d}{dx}f(x)$ などいろいろある。

また、関数 $f(x)$ の導関数を求めることを、関数 $f(x)$ を**微分する**という。

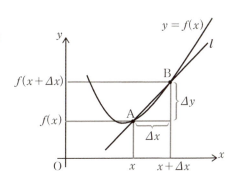

● 差分と微分

本節で使った記号 Δx、Δy を<u>差分</u>（difference）という。これに対して dx、dy を<u>微分</u>（differential）という。関数 $y=f(x)$ の場合、独立変数 x の差分 Δx と微分 dx は同じである。それに対して関数値である従属変数 y については差分と微分で意味が異なる。差分は

$$\Delta y = f(x+\Delta x) - f(x)$$

であり、微分 dy は

$$dy = f'(x)\Delta x \quad \cdots\cdots ①$$

を意味する。Δx が十分小さいとき、十分滑らかな関数で

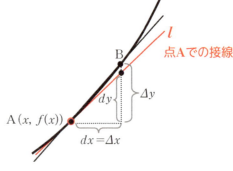

点Aでの接線

あれば従属変数 y の微分 dy と差分 Δy は同じになる。

なお、変数 x では微分と差分が同一なので $f'(x) = \dfrac{dy}{dx}$ より、①は

$$dy = f'(x)dx = \frac{dy}{dx}dx \quad \cdots\cdots ②$$

と書ける。高校数学では $\dfrac{dy}{dx}$ は、これでもって1つの記号であり、分数の記号ではないとされるが、dx、dy を形式的に数と考えれば②は約分を実行したにすぎない。それゆえ、今後、$\dfrac{dy}{dx}$ を分数のように処理することになる。

（注）②より $\dfrac{dy}{dx}$ の値は微分 dx の係数なので微分係数と呼ばれる。

 導関数

$$f'(x) = \lim_{\Delta x \to 0} \frac{\Delta y}{\Delta x} = \lim_{\Delta x \to 0} \frac{f(x+\Delta x) - f(x)}{\Delta x}$$

3-4 合成関数の微分法

合成関数の微分法は、微分の強力な道具である。これを使うことによって微分の計算は格段に楽になる。この微分法の原理は小学生でも知っている右の分数式による。

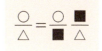

● 合成関数とは何か？

ここに次のような2つの関数があるとしよう。

$$y = f(u) = u^6 \quad \cdots\cdots ①$$
$$u = g(x) = 2x - 3 \quad \cdots\cdots ②$$

このとき、②によって、x の値が決まれば u の値が決まる。すると、①によって y の値が決まることになる。例えば、$x = 1$ のとき、②によって $u = -1$ となり、これと①から $y = 1$ となる。

それでは、x の値が決まったときに、②と①から、一挙に y の値を決める関数はどうなるのだろうか。数学では、等しいものは置き換えてもよいので次のようになる。

$$y = f(u) = u^6 = (2x-3)^6 \quad \cdots\cdots ③$$

このことから③は①、②から合成された関数（合成関数）と考えられる。

ここでは①、②より $\dfrac{dy}{du}$、$\dfrac{du}{dx}$ を別々に求め、それをもとに③の導関数 $\dfrac{dy}{dx}$ を求める微分法を調べてみよう。

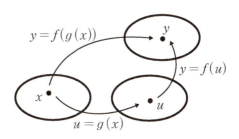

●合成関数の導関数はもとの関数の導関数の積

2つの関数 $y=f(u)$、$u=g(x)$ があるとき、x の変化量を Δx とし、

$$\Delta u = g(x+\Delta x) - g(x)$$
$$\Delta y = f(u+\Delta u) - f(u)$$

とすると、次式が成立する。

$$\frac{\Delta y}{\Delta x} = \frac{\Delta y}{\Delta u} \frac{\Delta u}{\Delta x} \quad \cdots\cdots ④$$

（l_3 の傾き）＝（l_2 の傾き ×l_1 の傾き）

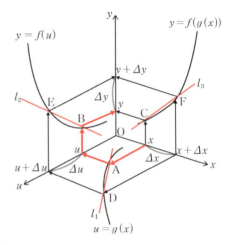

このことを3次元空間で図示すると右図のようになる。つまり、x が決まると、図の色の矢印を辿って y が決まる。また、x が Δx だけ変化すると、u も y もそれぞれ Δu、Δy だけ変化するが、Δx、Δu、Δy は先の④の関係を満たしている。$y=f(u)$、$u=g(x)$ が微分可能であれば、それぞれの関数は連続となり、Δx が0に近づくとき、Δu も0に近づき $\dfrac{dy}{dx} = \dfrac{dy}{du} \dfrac{du}{dx}$ ……⑤ が成立する。

〔例〕 $y=(2x-3)^6$ の導関数を求める。

$y=u^6$、$u=2x-3$ とみなすと、⑤より

$$\frac{dy}{dx} = \frac{dy}{du} \frac{du}{dx} = 6u^{6-1} \times 2 = 12(2x-3)^5$$

 微分計算をラクにする合成関数の微分法

$y=f(u)$、$u=g(x)$ のとき $\dfrac{dy}{dx} = \dfrac{dy}{du} \dfrac{du}{dx}$

3-5 逆関数の微分法

xとyが関数関係にあるとき、xをyで微分したものとyをxで微分したものの関係を表現したものが**逆関数の微分法**である。この考え方は、右の分数式の性質による。

● 逆関数とは何か

$y = 3x + 2$ ……① の逆関数とは、①をxについて解いた

$x = \dfrac{y-2}{3}$ ……②

である。①の関数（function：機能）は「3倍して2を足せ」ということである。これに対して②の関数は「2を引いて3で割れ」ということで、①と②はお互いに**逆の機能**であることがわかる。

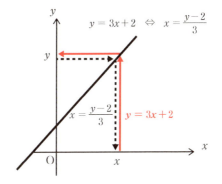

（注）関数では原因となる変数を**独立変数**、結果となる変数を**従属変数**という。通常、独立変数をx、従属変数をyと表わすので、$y = f(x)$の逆関数$x = g(y)$において、xとyを交換して$y = g(x)$と書き換えることがある。このとき、逆関数同士のグラフは直線$y = x$に関して対称になる。なお、微分で扱う逆関数は、通常、xとyを交換していないので注意してほしい。

● 逆関数の導関数ともとの関数の導関数の関係

関数$f(x)$が微分可能で$f'(x) > 0$（または、$f'(x) < 0$）であれば、関数$f(x)$は連続で単調増加（または、単調減少）な関数となる。したがって、$y = f(x)$の逆関数 $x = g(y)$が存在する。

ここで、関数 $y = f(x)$ における x の差分 Δx に対する y の差分を Δy とすると、Δx と Δy は次の関係を満たしている。

$$\frac{\Delta y}{\Delta x} \cdot \frac{\Delta x}{\Delta y} = 1 \quad \cdots\cdots ③$$

この式を変形すると、

$$\frac{\Delta x}{\Delta y} = \frac{1}{\frac{\Delta y}{\Delta x}} \quad \cdots\cdots ④$$

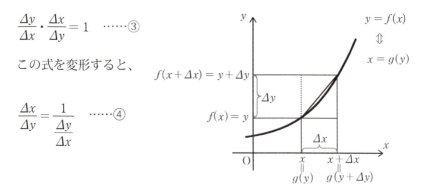

また、「$\Delta y \to 0$ のとき、$\Delta x \to 0$」となる。よって、④より、

$$\lim_{\Delta y \to 0} \frac{\Delta x}{\Delta y} = \lim_{\Delta x \to 0} \frac{1}{\frac{\Delta y}{\Delta x}} \quad となり、$$

$$\frac{dx}{dy} = \frac{1}{\frac{dy}{dx}} \quad \cdots\cdots ⑤$$

を得る。

〔例〕 $y = 3x + 2$ ……① の逆関数は $x = \dfrac{y-2}{3}$ ……②

①より $\dfrac{dy}{dx} = 3$　②より $\dfrac{dx}{dy} = \dfrac{1}{3}$　よって⑤の成り立つことがわかる。

Note　逆関数の導関数

関数 $y = f(x)$ の逆関数を $x = g(y)$ とするとき、$\dfrac{dx}{dy} = \dfrac{1}{\dfrac{dy}{dx}}$

ここまでは、1変数関数 $y=f(x)$ の微分を扱ってきたが、ここでは、変数がxとyの2つある2変数関数 $z=f(x, y)$ の微分について調べておくことにする。複素関数は基本的には複素数 $x+yi$ の関数なので、xとyの2変数関数と考えられるからである。

●2変数関数は1つの変数を固定すれば1変数関数と同じ

例えば、2変数関数 $z=f(x, y)=x^2+xy+y^2$ ……① はyを固定して$y=1$とすれば $z=f(x, 1)=x^2+x+1$ ……② となり、1変数xの関数となる。このとき、関数②をxで微分すれば導関数$z'=2x+1$を得ることができる。もちろん、関数①においてxを固定して考えればzはyの関数となり、その導関数を考えることができる。ここでは、このような考え方を一般化してみることにする。

●偏導関数

2変数関数 $z=f(x, y)$は**yを固定（定数扱い）すれば、xだけの1変数の関数となる。**したがって、この関数をxについて微分した導関数が考えられる。そこで、yを固定したときの $\lim_{\Delta x \to 0} \dfrac{f(x+\Delta x, y)-f(x, y)}{\Delta x}$ を $f(x, y)$のxに関する**偏導関数**といい、

$$\frac{\partial z}{\partial x}、\frac{\partial}{\partial x}f(x, y)、f_x、f_x(x, y)$$

などと書く。すなわち、

$$\frac{\partial z}{\partial x}=\lim_{\Delta x \to 0}\frac{f(x+\Delta x, y)-f(x, y)}{\Delta x}$$

関数$z=f(x, y)$のグラフは一般には次ページの図のように曲面になる

（これは、放物面の例）。ここで、y を固定するということは、このグラフを xz 平面に平行な平面で切ったときに、切り口に表われるグラフに限定して関数 $z=f(x, y)$ を考えることを意味する。このとき、$z=f(x, y)$ のグラフは曲線となり、この曲線上の点 $\mathrm{P}(x, y, z)$ における接線の傾きが偏導関数 $\dfrac{\partial z}{\partial x}$ の値となる。

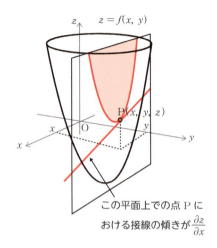

同様に、x を固定したときの y に関する偏導関数が考えられる。

$$\frac{\partial z}{\partial y} = \lim_{\Delta y \to 0} \frac{f(x, y+\Delta y) - f(x, y)}{\Delta y}$$

（注1）$\dfrac{\partial z}{\partial x}$、$\dfrac{\partial z}{\partial y}$ の ∂ は、「デル」、「ディー」などと読む。

（注2）偏導関数は複素関数の微分では必要不可欠なものである。

〔例〕アパートの家賃 z が $z=f(x, y)=\dfrac{ky}{\sqrt{x}}$ で与えられるとする。ここで、x は最寄りの駅からの距離、y は部屋の広さ、k は定数とする。このとき、距離 x による家賃 z の変化率は $\dfrac{\partial f}{\partial x} = \dfrac{-ky}{2\sqrt{x^3}}$ となる。また、部屋の広さ y による家賃 z の変化率は $\dfrac{\partial f}{\partial y} = \dfrac{k}{\sqrt{x}}$ となる。

〔問題〕次の関数 $f(x, y)$、$f(x, y, z)$ の偏導関数を求めなさい。

(1) $f(x, y) = x^2 - xy + y^2$

(2) $f(x, y) = \sin x + \cos y$

(3) $f(x, y) = \sin xy$

(4) $f(x, y) = \log_y x$

(5) $f(x, y, z) = xy^2 z^3$

（解）

(1) $\dfrac{\partial f}{\partial x} = 2x - y$、$\dfrac{\partial f}{\partial y} = -x + 2y$

(2) $\dfrac{\partial f}{\partial x} = \cos x$、$\dfrac{\partial f}{\partial y} = -\sin y$

(3) $\dfrac{\partial f}{\partial x} = y\cos xy$、$\dfrac{\partial f}{\partial y} = x\cos xy$

(4) $f(x,\ y) = \log_y x = \dfrac{\log_e x}{\log_e y}$ より

$$\dfrac{\partial f}{\partial x} = \dfrac{1}{x} \times \dfrac{1}{\log_e y} = \dfrac{1}{x\log_e y}$$

$$\dfrac{\partial f}{\partial y} = \log_e x \times \dfrac{-\dfrac{1}{y}}{(\log_e y)^2} = -\dfrac{\log_e x}{y(\log_e y)^2}$$

(5) $\dfrac{\partial f}{\partial x} = y^2 z^3$、$\dfrac{\partial f}{\partial y} = 2xyz^3$、$\dfrac{\partial f}{\partial z} = 3xy^2 z^2$

複素関数には欠かせない偏微分、偏導関数

2変数関数 $z = f(x, y)$ に対して、次の $\dfrac{\partial z}{\partial x}$、$\dfrac{\partial z}{\partial y}$ を**偏導関数**という。

$$\frac{\partial z}{\partial x} = \lim_{\Delta x \to 0} \frac{f(x + \Delta x, y) - f(x, y)}{\Delta x}$$

$$\frac{\partial z}{\partial y} = \lim_{\Delta y \to 0} \frac{f(x, y + \Delta y) - f(x, y)}{\Delta y}$$

これは、**着目した1つの変数以外はすべて定数とみなした導関数**である。

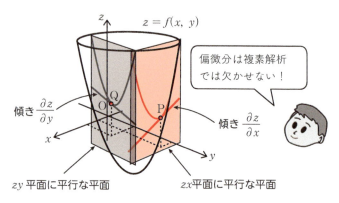

そして、さらに微分することにより、
$$\frac{\partial^2 z}{\partial x^2} = \frac{\partial}{\partial x}\left(\frac{\partial z}{\partial x}\right),\quad \frac{\partial^2 z}{\partial y^2} = \frac{\partial}{\partial y}\left(\frac{\partial z}{\partial y}\right)$$

$$\frac{\partial^2 z}{\partial x \partial y} = \frac{\partial}{\partial x}\left(\frac{\partial z}{\partial y}\right),\quad \frac{\partial^2 z}{\partial y \partial x} = \frac{\partial}{\partial y}\left(\frac{\partial z}{\partial x}\right)$$

などを考えることができる。

なお、偏導関数を求めることを **偏微分する**という。

（注）変数が3つ以上の関数についても同様に偏導関数が考えられる。

3-7 よく使われる偏導関数の性質

偏導関数そのものについては前節で紹介したが、ここでは複素関数の分野でよく使われる偏導関数に関する重要な定理を紹介しておこう。

（注）証明については微分積分学の専門書を参照してほしい。

● 新たな記号の紹介

$z = f(x, y)$ の偏導関数を $\dfrac{\partial z}{\partial x}$ と書いたが、これを $f_x(x, y)$ と書くことにする。このとき、$f_x(x, y)$ は x、y の関数なので、この関数の偏導関数が再度考えられる。そこで、$f_x(x, y)$ の x についての偏導関数、つまり、$\dfrac{\partial z}{\partial x}\left(\dfrac{\partial z}{\partial x}\right) = \dfrac{\partial^2 z}{\partial x^2}$ を $f_{xx}(x, y)$ と書くことにする。また、$f_x(x, y)$ の y についての偏導関数 $\dfrac{\partial z}{\partial y}\left(\dfrac{\partial z}{\partial x}\right)$ も同様に $f_{xy}(x, y)$ と書くことにする。このように $f_{\langle1回目の微分\rangle\langle2回目の微分\rangle}(x, y)$ と2回目の微分の変数名を右に書くことに注意しよう。

● 偏導関数の微分の順序に関する定理

偏導関数の微分の順序に関して次の定理が成り立つ。

> **定理1** 関数 $z = f(x, y)$ がある領域 D において連続な偏導関数
> $f_x(x, y), f_y(x, y), f_{xy}(x, y), f_{yx}(x, y)$ をもつとき、この領域 D において、$f_{xy}(x, y) = f_{yx}(x, y)$ となる。

この定理をさらに発展させると、「$z = f(x, y)$ を x、y について何回か偏微分した結果は、偏導関数が連続であれば、偏微分する x、y の順序に関係なく同じになる」ことがわかる。

113

● 合成関数の偏導関数に関する定理

以下の関数はいずれも連続で、しかも、それらは連続な偏導関数をもつものとする。このとき合成関数の偏導関数に関して次の定理が成り立つ。

定理 2 関数 $z=f(u, v)$ において、u、v がともに x の関数であれば、z は x の関数で次の式が成立する。

$$\frac{dz}{dx} = \frac{\partial z}{\partial u}\frac{du}{dx} + \frac{\partial z}{\partial v}\frac{dv}{dx}$$

定理 3 関数 $z=f(u, v)$ において、u、v がともに x、y の関数であれば、z は x、y の関数で次の式が成立する。

$$\frac{\partial z}{\partial x} = \frac{\partial z}{\partial u}\frac{\partial u}{\partial x} + \frac{\partial z}{\partial v}\frac{\partial v}{\partial x}$$

$$\frac{\partial z}{\partial y} = \frac{\partial z}{\partial u}\frac{\partial u}{\partial y} + \frac{\partial z}{\partial v}\frac{\partial v}{\partial y}$$

 よく使われる偏導関数の性質

(1) 偏導関数が連続であれば $f_{yx}(x, y) = f_{xy}(x, y)$

(2) $z = f(u(x), v(x))$ のとき $\dfrac{dz}{dx} = \dfrac{\partial z}{\partial u}\dfrac{du}{dx} + \dfrac{\partial z}{\partial v}\dfrac{dv}{dx}$

(3) $z = f(u(x, y), v(x, y))$ のとき $\dfrac{\partial z}{\partial x} = \dfrac{\partial z}{\partial u}\dfrac{\partial u}{\partial x} + \dfrac{\partial z}{\partial v}\dfrac{\partial v}{\partial x}$

3-8 積分の定義

高校数学では定積分 $\int_a^b f(x)dx$ が次のように定義された。

$$\int_a^b f(x)dx = [F(x)]_a^b = F(b) - F(a) \cdots\cdots ① \quad ただし、F'(x) = f(x)$$

しかし、この定義で積分の本質を理解するには辛いものがある。

●記号 $\int_a^b$ や dx は $f(x)$ の飾りなのか

①の定義の場合、積分記号 $\int_a^b f(x)dx$ における記号 $\int_a^b$ と dx は単なる飾りのような印象を受ける。つまり、$f(x)$ をこれらの記号で左右から挟み込み、記号 $\int_a^b$ は積分区間が $[a, b]$、記号 dx は積分変数が x であることを示したものというわけである。

しかし、これでは積分の理解は不十分である。そこで、積分については新たな気持ちで学習してほしい。

●本来の積分の定義

関数 $f(x)$ が区間 $a \leqq x \leqq b$ で定義されているものとする。ここで、この区間を n 等分し、各区間の境界点に x_0、x_1、x_2、$\cdots$、x_n と名前を付けて（下図）、次の n 個の和を考える。

$$\sum_{i=1}^{n} f(x_i) \Delta x \quad \cdots\cdots ② \quad ただし、\Delta x = (b-a)/n$$

この分割を限りなく細かくしたとき、つまり、$n \to \infty$ にしたとき、②が一定の値に近づけば、関数 $f(x)$ は区間 $a \leqq x \leqq b$ で**積分可能**であるといい、その一定の値を記号 $\int_a^b f(x)dx$ で表わす。

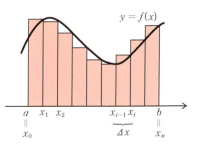

すなわち、$\int_a^b f(x)dx = \lim_{n\to\infty} \sum_{i=1}^n f(x_i)\Delta x$ ……③

③で定義した$\int_a^b f(x)dx$を「関数$f(x)$のaからbまでの**定積分**」という。この定義からわかるように、定積分$\int_a^b f(x)dx$は、$f(x_i)\Delta x$をaからbまでn個を足したときに、その和が限りなく近づく値のことである。

(注1) 区間$a \leq x \leq b$を閉区間といい、記号$[a, b]$で表わす。また、区間$a < x < b$を開区間といい、記号(a, b)で表わす。

(注2) 記号Σは和を表わす記号である。つまり、
$$\sum_{i=1}^n f(x_i)\Delta x = f(x_1)\Delta x + f(x_2)\Delta x + \cdots + f(x_n)\Delta x$$

(注3) なお、上記に紹介した定積分は、わかりやすさを優先したため、定義を一部緩和している。正確には巻末の「＜付録2＞リーマン積分」を参照。

●なぜ記号 $\int_a^b f(x)dx$ が使われたのか

n等分したときの個々の長方形面積$f(x_i)\Delta x$は、分割を細かくしていくと幅が0に近い微小長方形になる。この長方形を$f(x)dx$と表現する。これが$\int_a^b f(x)dx$の$f(x)dx$である。閉区間$[a, b]$にあるこれら微小長方形$f(x)dx$を足していくので、S（和の意味のsumの頭文字）を利用し、これを縦に伸ばして$\int_a^b$と書くことにしたのが、$\int_a^b f(x)dx$の$\int_a^b$である。この原理がわかると、いろいろな現象を積分に置き換えられる。

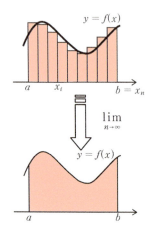
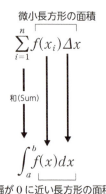

〔例〕

(1) $\displaystyle\int_0^1 x^2 dx = \lim_{n\to\infty}\sum_{i=1}^{n}\left(\frac{i}{n}\right)^2\frac{1}{n}$

$\displaystyle = \lim_{n\to\infty}\frac{1^2+2^2+3^2+\cdots+n^2}{n^3}$

$\displaystyle = \lim_{n\to\infty}\frac{n(n+1)(2n+1)}{6n^3}$

$\displaystyle = \lim_{n\to\infty}\frac{1}{6}\left(1+\frac{1}{n}\right)\left(2+\frac{1}{n}\right)$

$\displaystyle = \frac{1}{6}(1+0)(2+0) = \frac{1}{3}$

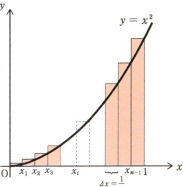

（注） $1^2+2^2+3^2+\cdots+n^2 = \dfrac{n(n+1)(2n+1)}{6}$

(2) $\displaystyle\int_0^2 x^3 dx = \lim_{n\to\infty}\sum_{i=1}^{n}\left(\frac{2i}{n}\right)^3\frac{2}{n}$

$\displaystyle = \lim_{n\to\infty}\frac{16(1^3+2^3+3^3+\cdots+n^3)}{n^4}$

$\displaystyle = \lim_{n\to\infty}\frac{4n^2(n+1)^2}{n^4}$

$\displaystyle = \lim_{n\to\infty}4\left(1+\frac{1}{n}\right)^2$

$= 4(1+0) = 4$

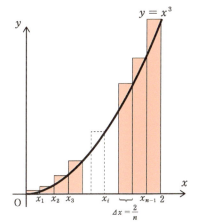

（注） $1^3+2^3+3^3+\cdots+n^3 = \left\{\dfrac{n(n+1)}{2}\right\}^2$

●不定積分を用いた定積分の計算

積分の定義は次の式によってなされた。

$$\int_a^b f(x)dx = \lim_{n\to\infty}\sum_{i=1}^{n}f(x_i)\Delta x$$
$$= \lim_{n\to\infty}\{f(x_1)\Delta x + f(x_2)\Delta x + \cdots + f(x_n)\Delta x\} \quad \cdots\cdots ③$$

この式からわかるように、定積分は $f(x_i)\Delta x$ の和の極限なのである。すると、定積分の定義③から定積分の計算は不定積分を用いて次のように計算できる。

$$\int_a^b f(x)dx = [F(x)]_a^b \quad \cdots\cdots ④ \qquad ただし、F'(x) = f(x)$$

以下に、この理由の概略を紹介しよう。

関数 $F(x)$ が区間 $[a, b]$ で微分可能で $\dfrac{dF(x)}{dx} = f(x)$ とする。ここで区間 $[a, b]$ を n 等分して各区間の境界点に x_0、x_1、x_2、…、x_n と名前を付け、$\Delta F(x_i) = F(x_i) - F(x_{i-1})$ とする（下図）。

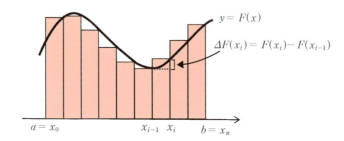

このとき、

$$\sum_{i=1}^{n} \frac{\Delta F(x_i)}{\Delta x} \Delta x = \sum_{i=1}^{n} \Delta F(x_i)$$

$$= \{F(x_1) - F(x_0)\} + \{F(x_2) - F(x_1)\}$$

$$+ \{F(x_3) - F(x_2)\} + \cdots + \{F(x_n) - F(x_{n-1})\}$$

$$= F(x_n) - F(x_0) = F(b) - F(a)$$

つまり、$\displaystyle\sum_{i=1}^{n} \frac{\Delta F(x_i)}{\Delta x} \Delta x = F(b) - F(a)$

ゆえに、$\displaystyle\lim_{n \to \infty} \sum_{i=1}^{n} \frac{\Delta F(x_i)}{\Delta x} \Delta x = F(b) - F(a) \quad \cdots\cdots ⑤$

積分の定義より、$\displaystyle\lim_{n \to \infty} \sum_{i=1}^{n} \frac{\Delta F(x_i)}{\Delta x} \Delta x = \int_a^b \frac{dF(x)}{dx} dx = \int_a^b f(x)dx \quad \cdots\cdots ⑥$

⑤、⑥より、$\displaystyle\int_a^b f(x)dx = F(b) - F(a)$

〔例〕(1) $\int_0^1 x^2 dx = \left[\frac{1}{3}x^3\right]_0^1 = \frac{1}{3}$

(2) $\int_0^1 x^3 dx = \left[\frac{1}{4}x^4\right]_0^1 = \frac{1}{4}$

●広義積分とは

下記の積分の定義においてその下端 a、上端 b は有限な値であった。

$$\int_a^b f(x)dx = \lim_{n\to\infty}\sum_{i=1}^n f(x_i)\Delta x$$
$$= \lim_{n\to\infty}(f(x_1)\Delta x + f(x_2)\Delta x + \cdots + f(x_n)\Delta x)$$

これに対して、a、b が限りなく大きくなったり、限りなく小さくなったりしたときの積分が次のように定義されている。

極限 $\lim_{b\to\infty}\int_a^b f(x)dx$ が存在するならば、この極限値を $\int_a^\infty f(x)dx$ と書き、これを**広義積分**という。

つまり、$\int_a^\infty f(x)dx = \lim_{b\to\infty}\int_a^b f(x)dx$

同様に、次の無限積分を定義する。

$$\int_{-\infty}^b f(x)dx = \lim_{a\to-\infty}\int_a^b f(x)dx、\int_{-\infty}^\infty f(x)dx = \lim_{\substack{a\to-\infty\\b\to\infty}}\int_a^b f(x)dx$$

〔例〕$a>0$ のとき $\int_a^\infty \frac{dx}{x^2} = \lim_{b\to\infty}\int_a^b \frac{dx}{x^2} = \lim_{b\to\infty}\left[-\frac{1}{x}\right]_a^b = \lim_{b\to\infty}\left(-\frac{1}{b}+\frac{1}{a}\right) = \frac{1}{a}$

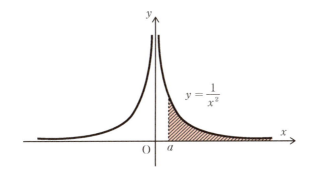

定積分の定義

●定積分の定義

$$\int_a^b f(x)dx = \lim_{n\to\infty}\sum_{i=1}^n f(x_i)\Delta x = \lim_{n\to\infty}\{f(x_1)\Delta x + f(x_2)\Delta x + \cdots + f(x_n)\Delta x\}$$

●定積分の計算

定理1　$f(x)$、$g(x)$に対して次の計算が成立する。

(1)　$\int_a^b \{kf(x)+lg(x)\}dx = k\int_a^b f(x)dx + l\int_a^b g(x)dx$　　(k、lは定数)

(2)　$\int_a^b f(x)dx = \int_a^c f(x)dx + \int_c^b f(x)dx$　　(a、b、cの大小は無関係)

(3)　$\int_a^b f(x)dx = -\int_b^a f(x)dx$

(4)　$[a, b]$で$f(x) \geqq g(x)$ならば$\int_a^b f(x)dx \geqq \int_a^b g(x)dx$

定理2　$\int_a^b f(x)dx = [F(x)]_a^b = F(b) - F(a)$　　ただし、$F'(x) = f(x)$

定理3　$\dfrac{d}{dx}\int_a^x f(t)dt = f(x)$

●定積分と面積

　区間$a \leqq x \leqq b$で$f(x) \geqq 0$であれば$\int_a^b f(x)dx$をもって$y = f(x)$と直線$x=a$、$x=b$、それにx軸によって囲まれた図形の**面積**と定義する。

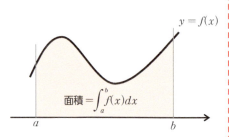

3-9 置換積分法

関数 $f(x)$ が与えられたとき、この積分を求めるのは一般には困難である。しかし、積分の計算において積分変数を他の変数に置き換えて計算する **置換積分法** という方法を用いると、求められる積分の範囲を広げることができる。置換積分法は応用範囲が広く複素関数の分野でもよく使われる計算である。置換の原理そのものは同じであるが、わかりやすさを優先して次の2つのパターンに分けて置換積分を説明しよう。

● 複雑な式を一文字で置き換える

複雑な式よりも簡単な式の方が処理しやすい。そこで、**複雑な式を一文字で置き換えてしまう積分計算** を具体例で調べてみよう。

〔例〕 $\int x(x^2-1)^3 dx$

x^2-1 を t で置き換えてみる。つまり、$x^2-1=t$

すると $2xdx=dt$ より $xdx=\dfrac{1}{2}dt$ となる(§3-3)。

ゆえに、$\int x(x^2-1)^3 dx = \int (x^2-1)^3 xdx = \int t^3 \dfrac{1}{2}dt = \dfrac{1}{8}t^4+C$

この t に x^2-1 を代入すれば $\int x(x^2-1)^3 dx = \dfrac{1}{8}(x^2-1)^4+C$

つまり、変数を $t=x^2-1$ によって x から t に置き換えることによって

$\int x(x^2-1)^3 dx$ の計算が $\int \dfrac{1}{2}t^3 dt$ という計算に置き換わったのである。

(注) $\int f(x)dx$ は $f(x)$ の不定積分と呼ばれ、x で微分して $f(x)$ になる関数を表わす。

●積分変数を他の式で置き換える

　積分変数を、わざわざ複雑な式で置き換えるのはためらわれる。しかし、そのことによって、結果的に計算しやすい世界に移行できればそれなりに意味がある。そこで、積分変数を他の変数を使った複雑な式で置き換えてしまう積分計算を具体例で調べてみよう。

〔例〕　$\displaystyle\int \frac{1}{\sqrt{a^2-x^2}}\,dx \quad (a>0)$

関数 $\dfrac{1}{\sqrt{a^2-x^2}}$ の定義域は $-a<x<a$ である。

そこで、$x=a\sin t \ \left(-\dfrac{\pi}{2}<t<\dfrac{\pi}{2}\right)$ と置き換えれば $dx=a\cos t\,dt$

ゆえに、

$$\int \frac{1}{\sqrt{a^2-x^2}}\,dx = \int \frac{1}{\sqrt{a^2(1-\sin^2 t)}}\,a\cos t\,dt$$

$$= \int \frac{a\cos t}{a\cos t}\,dt = \int dt = t+C = \sin^{-1}\frac{x}{a}+C$$

（注）$t=\sin^{-1}\dfrac{x}{a}\ (-a<x<a)$ は、$x=a\sin t\ \left(-\dfrac{\pi}{2}<t<\dfrac{\pi}{2}\right)$ の逆関数。

つまり変数を $x=a\sin t$ によって x から t に置き換えることによって、$\displaystyle\int\frac{1}{\sqrt{a^2-x^2}}\,dx$ の計算が $\displaystyle\int dt$ の計算に変身したのである。

●定積分においては置換すると積分区間が変わる

　定積分においては、積分変数 x を他の変数 t に置換すると、積分変数 x のとる値の範囲が、新たな積分変数 t の範囲に引き継がれることに注意しなければならない。具体例で見てみよう。

〔例〕

(1) $\int_1^2 x(x^2-1)^3 dx = \int_0^3 t^3 \frac{1}{2} dt = \left[\frac{t^4}{8}\right]_0^3 = \frac{81}{8}$

　$t = x^2 - 1$ **と置換**（このとき、$dt = 2xdx$）

x	1	→	2
t	0	→	3

(2) $\int_0^r \sqrt{r^2 - x^2} dx = \int_0^{\frac{\pi}{2}} \sqrt{r^2 - r^2\sin^2\theta}\, r\cos\theta d\theta$

$= r^2 \int_0^{\frac{\pi}{2}} \cos^2\theta d\theta = r^2 \int_0^{\frac{\pi}{2}} \frac{1 + \cos 2\theta}{2} d\theta$

$= \frac{r^2}{2}\left[\theta + \frac{\sin 2\theta}{2}\right]_0^{\frac{\pi}{2}} = \frac{\pi r^2}{4}$

x	0	→	r
θ	0	→	$\pi/2$

　$x = r\sin\theta$ **と置換**（このとき、$dx = r\cos\theta d\theta$）

 積分計算を簡単にする置換積分法

(1) 複雑な式を一文字で置き換える

$$\int_a^b f(g(x))g'(x)dx \quad \Rightarrow \quad \int_\alpha^\beta f(t)dt$$

x	a	→	b
t	α	→	β

　$g(x) = t$ **と置換**（このとき、$g'(x)dx = dt$）

(2) 積分変数 x を他の式で置き換える

$$\int_a^b f(x)dx \quad \Rightarrow \quad \int_\alpha^\beta f(g(t))g'(t)dt$$

x	a	→	b
t	α	→	β

　$x = g(t)$ **と置換**（このとき、$dx = g'(t)dt$）

第4章

複素関数の微分

実関数の場合、グラフを利用すれば微分・積分の意味を直観的に理解することができる。しかし、複素関数の場合、そのグラフは4次元なので描くことができない。したがって、実関数のように目で見ての理解は困難である。しかし、複素関数の理論は意外とスッキリしている。

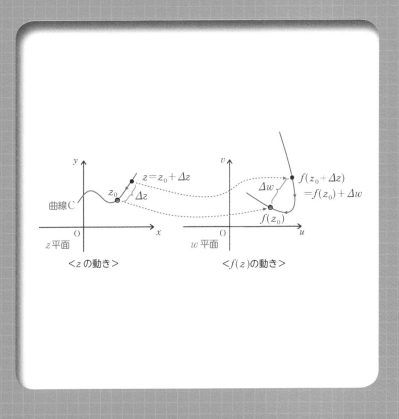

4-1 複素関数の連続

複素関数 $f(z)$ の微分・積分を考える上で $f(z)$ が $z=\alpha$ で連続であるかどうかは大事なことである。

●複素関数の連続

複素関数 $f(z)$ の連続は式の上では実関数の場合（§3-1）と同じである。つまり、「$f(z)$ が複素数 α で連続である」とは次のように定義される。

$$\lim_{z \to \alpha} f(z) = f(\alpha)$$

この式は、z が限りなく α に近づくとき、どう近づいても $f(z)$ が一定の値に近づき、その近づく値が $z=\alpha$ における関数値 $f(\alpha)$ に等しいことを意味している。$w=f(z)$ はグラフで描けないので、連続の図形的意味は次のように z 平面と w 平面の対応で理解することになる。

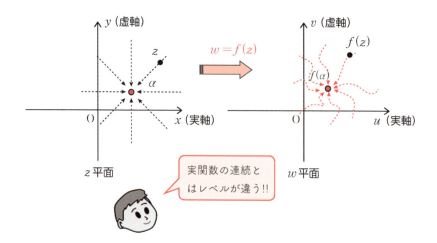

実関数の連続とはレベルが違う!!

なお、$\lim_{z \to \alpha} f(z) = f(\alpha)$ の式の「$z \to \alpha$」の意味が「z を限りなく α に近づける」ことからわかるように、$z = \alpha$ における連続は一点 α だけの問題ではない。α の周辺の点 z でも $f(z)$ の値が存在しなければならないのである。

〔例〕 $f(z) = z^2$ は任意の複素数 z で連続である。

なぜならば、$\lim_{z \to \alpha} f(z) = \lim_{z \to \alpha} z^2 = \alpha^2 = f(\alpha)$

$f(z) = \dfrac{1}{z} (z \neq 0)$ は $z \neq 0$ で連続である。

なぜならば、$\alpha \neq 0$ のときは、$\lim_{z \to \alpha} f(z) = \lim_{z \to \alpha} \dfrac{1}{z} = \dfrac{1}{\alpha} = f(\alpha)$

● 複素関数の連続をグラフで見る

複素関数 $f(z) = z^2$、$f(z) = z\bar{z}$、$f(z) = z^2 \bar{z}$ について関数の連続をグラフで実感してみよう。

(1) z を $1 + 2i$ に近づけたときの $f(z) = z^2$ の変化を調べる

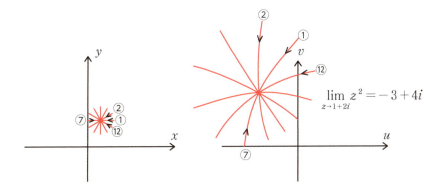

(2) z を $\frac{1}{2}+i$ に近づけたときの $f(z)=z\bar{z}$ の変化を調べる

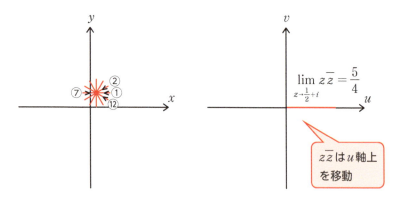

(3) z を $\frac{1}{2}+i$ に近づけたときの $f(z)=z^2\bar{z}$ の変化を調べる

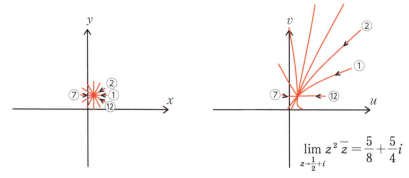

 四方八方から近づける複素関数の連続

$\lim_{z \to \alpha} f(z) = f(\alpha)$ であるとき $f(z)$ は $z=\alpha$ で、連続であるという。ここで、$z \to \alpha$ は z 平面上のあらゆる経路から α に近づくことを意味する。

実関数の場合は変数は直線上だが、複素関数の場合は平面上で変化する!!

4-2 複素関数の微分可能

複素関数 $f(z)$ が $z = z_0$ で微分可能であるとはどういうことか、また、実関数の場合と何が違うのか調べてみよう。

● 実関数の微分可能をもう一度復習

「$x \to x_0$ のとき $\dfrac{f(x)-f(x_0)}{x-x_0}$ が一定の値に収束すれば、関数 $f(x)$ は $x = x_0$ で **微分可能** である」という。また、この一定の値を関数 $f(x)$ の $x = x_0$ における **微分係数** といい、$f'(x_0)$ と書く。つまり、

$$f'(x_0) = \lim_{x \to x_0} \frac{f(x)-f(x_0)}{x-x_0}$$

ここで、$\Delta x = x - x_0$、$\Delta y = f(x) - f(x_0)$ とすると、

$$\frac{f(x)-f(x_0)}{x-x_0} = \frac{\Delta y}{\Delta x}$$

は右図の2点 A、B を通る直線 l の傾きを表わす。すると、$x = x_0$ で微分可能であるということは、図形的には、点 B を点 A に限りなく近づけたとき、直線 l の傾きが一定の値に近づくことを意味している。

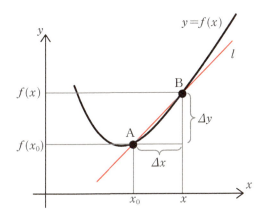

●複素関数の微分可能

実関数 $f(x)$ の場合、変数 x は数直線上で変化する。ところが、複素関数 $f(z)$ の変数 z は複素平面上で変化する。このように変化の様子が直線上か平面上かで違うと、複素関数 $f(z)$ が $z=z_0$ で微分可能であることの定義は実関数とどう変わるのだろうか。結論からいうと、複素関数の微分可能の定義は式の上では変わらない。実関数の場合の変数 x が複素数 z に変わったに過ぎない。つまり、次のように定義される。

「$z \to z_0$ のとき $\dfrac{f(z)-f(z_0)}{z-z_0}$ がある一定の値に収束すれば、関数 $f(z)$ は $z=z_0$ で **微分可能** である」という。

また、この収束する一定の値を関数 $f(z)$ の $z=z_0$ における **微分係数** といい、$f'(z_0)$ と書くことにする。つまり、

$$f'(z_0) = \lim_{z \to z_0} \frac{f(z)-f(z_0)}{z-z_0} \quad \cdots\cdots ①$$

なお、$z=z_0$ で関数 $f(z)$ が微分可能でないとき、その点 z_0 を関数 $f(z)$ の **特異点** という。

●複素関数の微分可能を図形で見ると

実関数の場合、微分係数は図形的には接線の傾きである。複素関数の場合は $w=f(z)$ のグラフは描けないのでこのようなことはいえない。

しかし、実関数と同様に

$$\Delta z = z-z_0, \quad \Delta w = f(z)-f(z_0)$$

とすれば、①はつぎのように書ける。

$$f'(z_0) = \lim_{z \to z_0} \frac{f(z)-f(z_0)}{z-z_0} = \lim_{\Delta z \to 0} \frac{\Delta w}{\Delta z}$$

すると、この図形的意味は次ページで表わされる。実関数 $y=f(x)$ のように2次元平面1つで表わせないのが辛いところである。

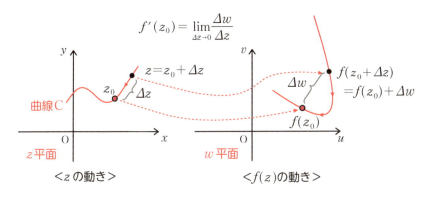

●「$x \to x_0$ (or $\Delta x \to 0$)」と「$z \to z_0$ (or $\Delta z \to 0$)」は天と地の違い

実数関数で $f(x)$ が $x = x_0$ で微分可能であることと、複素関数 $f(z)$ が $z = z_0$ で微分可能であることを下記のように併記すると、形式はまったく同じであることがわかる。

実関数の微分可能：$x \to x_0$ のとき $\dfrac{f(x) - f(x_0)}{x - x_0}$ がある一定の値に収束 ……②

複素関数の微分可能：$z \to z_0$ のとき $\dfrac{f(z) - f(z_0)}{z - z_0}$ がある一定の値に収束 ……③

しかし、②と③の違いはとてつもなく大きい。その理由は、②における $x \to x_0$ の x は数直線上の動きにすぎないが（下左図）、③における $z \to z_0$ の z の動きは複素平面上のあらゆる方向の動きを意味しているからである（下右図）。

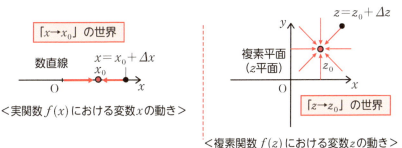

●複素関数の微分可能の条件は厳しい

実数関数 $f(x)$ が $x = x_0$ で微分可能であるということは、関数 $y = f(x)$ のグラフが $x = x_0$ 付近で「なめらか」であることを意味していた。

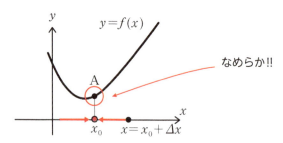

このことを、複素関数の微分可能にもあてはめたいが、複素関数 $w = f(z)$ のグラフは描くことができないため「なめらか」のイメージが湧かない。しかし、どの方向から z が z_0 に近づいても、まずは、

$$\lim_{z \to z_0} \frac{f(z) - f(z_0)}{z - z_0} \quad \cdots\cdots ④$$

が存在しなければいけないわけだから、敢えていえば $w = f(z)$ のグラフは z の付近で**「全方向なめらか」であることが必要**になる。

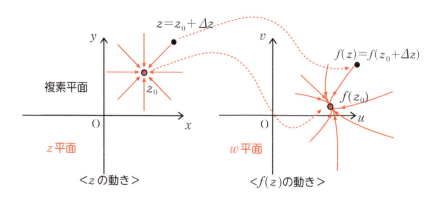

（注）$w = f(z)$ のグラフそのものは見ることができないため、「**全方向なめらか**」は勝手な想像にすぎない。この本だけの話である。

この「**全方向なめらか**」は微分可能の必要条件にすぎない。z が z_0 に近づくそれぞれの経路で④の極限値が存在しても、経路によってそれらが異なれば微分可能ではないからである。例えば、実軸に平行に z が z_0 に近づく場合と虚軸に平行に近づく場合で極限値が異なれば、$f(z)$ は $z=z_0$ で微分可能ではない。このように、複素関数の微分可能はきわめて厳しい条件なのである。

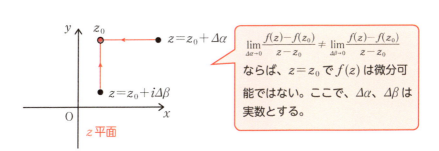

$\lim_{z \to z_0} \dfrac{f(z)-f(z_0)}{z-z_0}$ を具体的なグラフで見てみよう。

(1) 下図は $f(z)=z^2$ の場合、z 平面において z が $\dfrac{1}{2}+i$ に①〜⑫の各方向から近づいた場合の $\dfrac{f(z)-f(z_0)}{z-z_0}$ の値を w 平面に描いたものである。①〜⑫のどの近づき方に対しても $\dfrac{f(z)-f(z_0)}{z-z_0}$ は $1+2i$ に近づくことがわかる。

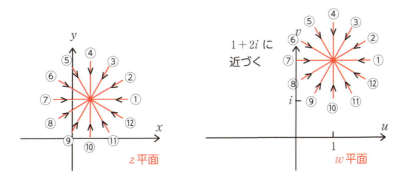

(2) 下図は $f(z) = z\bar{z}$ の場合、z 平面において z が $\frac{1}{2} + i$ に①〜⑫の各方向から近づいた場合の $\frac{f(z)-f(z_0)}{z-z_0}$ の値を w 平面に描いたものである。①〜⑫の近づき方に対して $\frac{f(z)-f(z_0)}{z-z_0}$ は 1 つの数には近づかないことがわかる。

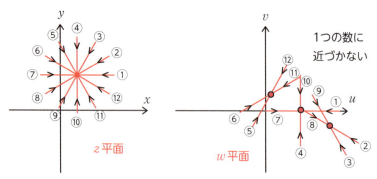

〔例〕

(1) $f(z) = z^2$ のとき、$z = z_0$ における微分係数を求めてみよう。

$$f'(z_0) = \lim_{\Delta z \to 0} \frac{f(z_0 + \Delta z) - f(z_0)}{\Delta z} = \lim_{\Delta z \to 0} \frac{(z_0 + \Delta z)^2 - z_0^2}{\Delta z}$$
$$= \lim_{\Delta z \to 0} (2z_0 + \Delta z) = 2z_0$$

(2) $f(z) = z\bar{z}$ のとき、$z = z_0$ における微分係数を求めてみよう。

$$f'(z_0) = \lim_{\Delta z \to 0} \frac{f(z_0 + \Delta z) - f(z_0)}{\Delta z}$$
$$= \lim_{\Delta z \to 0} \frac{(z_0 + \Delta z)(\overline{z_0 + \Delta z}) - z_0 \overline{z_0}}{\Delta z}$$
$$= \lim_{\Delta z \to 0} \left(z_0 \frac{\overline{\Delta z}}{\Delta z} + \overline{z_0} + \overline{\Delta z} \right)$$

ここで、$\lim_{\Delta z \to 0} \overline{z_0} = \overline{z_0}$、$\lim_{\Delta z \to 0} \overline{\Delta z} = 0$ であるが、$\lim_{\Delta z \to 0} \frac{\overline{\Delta z}}{\Delta z}$ は収束しない。

なぜならば、$\Delta z = r(\cos\theta + i\sin\theta) = re^{i\theta}$ と書くと $\frac{\overline{\Delta z}}{\Delta z} = \frac{re^{-i\theta}}{re^{i\theta}} = e^{-2i\theta}$

となり、Δz を 0 に近づけても、$\lim_{\Delta z \to 0} z_0 \frac{\overline{\Delta z}}{\Delta z}$ は z_0 に近づける方向 θ に影響

されてしまう。よって$z = z_0$における微分係数は存在しない。

（注）$\Delta z = re^{i\theta}$と書いた場合、$\Delta z \to 0$は、θは任意で$r \to 0$を意味する。

● 微分可能ならば連続である

複素関数$f(z)$が$z = z_0$で微分可能であれば$f'(z_0)$が存在する。したがって、次の式が成立する。

$$\lim_{z \to z_0}\{f(z) - f(z_0)\} = \lim_{z \to z_0}\left\{(z - z_0)\frac{f(z) - f(z_0)}{z - z_0}\right\} = 0 \times f'(z_0) = 0$$

よって、$f(z)$は$z = z_0$で連続である。これは実関数の場合と同じである。

● 正則とは

$f(z)$が領域D内のすべての点で微分可能であるとき、$f(z)$は領域Dで**正則**であるという。**ある領域で正則な関数をその領域における正則関数**という。

厳しい条件が課された複素関数の微分可能

z_0の近傍（注）で定義された関数$f(z)$が次の条件を満たすとき、関数$f(z)$は$z = z_0$で**微分可能**であるという。

「$z \to z_0$のとき $\dfrac{f(z) - f(z_0)}{z - z_0}\left(= \dfrac{f(z_0 + \Delta z) - f(z_0)}{\Delta z}\right)$ が一定の値に収束する」

また、この一定の値を、関数$f(z)$の$z = z_0$における**微分係数**といい、$f'(z_0)$と書く。つまり、$f'(z_0) = \lim\limits_{\Delta z \to 0} \dfrac{f(z_0 + \Delta z) - f(z_0)}{\Delta z}$

なお、$z = z_0$で関数$f(z)$が微分可能でないとき、z_0を関数$f(z)$の**特異点**という。

（注）点z_0の近傍とは、読んで字の如く「近くの傍ら」で、z_0を含む小さな領域を意味する。

4-3 複素関数の導関数

複素関数 $f(z)$ の導関数は実関数の導関数と形式はまったく同じだが、中身は別ものといえるほど違う。このことをしっかり理解しておこう。

●実関数の導関数をもう一度復習

実関数 $f(x)$ の定義域内の任意の a に微分係数 $f'(a)$ を対応させる関数を、関数 $f(x)$ の**導関数**といい、$f'(x)$、y'、$\dfrac{dy}{dx}$、$\dfrac{d}{dx}f(x)$ などと書く。

つまり、$f'(x) = \dfrac{dy}{dx} = \lim_{\Delta x \to 0} \dfrac{\Delta y}{\Delta x} = \lim_{\Delta x \to 0} \dfrac{f(x+\Delta x) - f(x)}{\Delta x}$ ……①

これは、図形的には右図の点 Q を点 P に限りなく近づけたときの 2 点 A、B を通る直線 l の傾きを表わしている。

（注）この傾きが点 A における接線の傾きとなる。

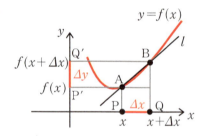

それでは、複素関数の導関数はどのように定義されるのだろうか。

●複素関数の導関数の定義は実関数の場合と同じ形式

複素関数 $w = f(z)$ の定義域内の任意の複素数 α に微分係数 $f'(\alpha)$ を対応させる関数を $f(z)$ の**導関数**といい $f'(z)$、w'、$\dfrac{dw}{dz}$、$\dfrac{d}{dz}f(z)$ などと書く。つまり、

$$f'(z) = \dfrac{dw}{dz} = \lim_{\Delta z \to 0} \dfrac{\Delta w}{\Delta z} = \lim_{\Delta z \to 0} \dfrac{f(z+\Delta z) - f(z)}{\Delta z} \quad ……②$$

この定義は、実関数の導関数の定義式①における実数 x を複素数 z に書

き換えたに過ぎない。しかし、これは図形的に考えると先の実関数のように単純ではない。下図は、z 平面における点 z とこの点 z を通る任意の曲線 C 上の点 $z+\Delta z$ の 2 点における関数値 $f(z)$ と $f(z+\Delta z)$ を w 平面上に描いたものである。

このとき、②式は z 平面の Δz と w 平面上の $\Delta w = f(z+\Delta z)-f(z)$ の比 $\dfrac{\Delta w}{\Delta z}$ の Δz を限りなく 0 に近づけたときの極限を意味している。

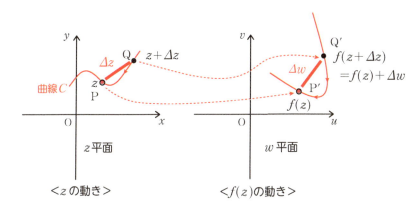

したがって、複素関数の導関数では実関数のような接線の考え方が通用しない。しかも、曲線 C は z を通る任意の曲線なので、上図は $\Delta z \to 0$ のほんの一例にすぎない。したがって、複素関数の導関数を考える際には頭の切り替えが必要である。つまり、「近づく」ということは「距離」だけでなく「方向」、しかも、「あらゆる方向」をあわせて考慮しなければいけないのである。

〔例〕次の関数の導関数を求めてみよう。

(1) $f(z)=z$ 　　　　(2) $f(z)=z^2$

(3) $f(z)=\dfrac{1}{z}$ 　　　　(4) $f(z)=|z|^2$

(解) 導関数の定義②にあてはめると

(1) $f'(z) = \lim\limits_{\Delta z \to 0} \dfrac{f(z+\Delta z)-f(z)}{\Delta z} = \lim\limits_{\Delta z \to 0} \dfrac{(z+\Delta z)-z}{\Delta z} = \lim\limits_{\Delta z \to 0} \dfrac{\Delta z}{\Delta z} = \lim\limits_{\Delta z \to 0} 1 = 1$

(2) $f'(z) = \lim\limits_{\Delta z \to 0} \dfrac{f(z+\Delta z)-f(z)}{\Delta z} = \lim\limits_{\Delta z \to 0} \dfrac{(z+\Delta z)^2 - z^2}{\Delta z}$

$= \lim\limits_{\Delta z \to 0}(2z+\Delta z) = 2z$

(3) $f'(z) = \lim\limits_{\Delta z \to 0} \dfrac{f(z+\Delta z)-f(z)}{\Delta z} = \lim\limits_{\Delta z \to 0} \dfrac{\dfrac{1}{z+\Delta z}-\dfrac{1}{z}}{\Delta z}$

$= \lim\limits_{\Delta z \to 0} \dfrac{-1}{z(z+\Delta z)} = -\dfrac{1}{z^2}$

(4) $f'(z) = \lim\limits_{\Delta z \to 0} \dfrac{|z+\Delta z|^2 - |z|^2}{\Delta z} = \lim\limits_{\Delta z \to 0} \dfrac{(z+\Delta z)(\overline{z}+\overline{\Delta z}) - z\overline{z}}{\Delta z}$

$= \lim\limits_{\Delta z \to 0} \dfrac{z\overline{\Delta z} + \overline{z}\Delta z + \Delta z \overline{\Delta z}}{\Delta z} = \lim\limits_{\Delta z \to 0}\left(z\dfrac{\overline{\Delta z}}{\Delta z} + \overline{z} + \overline{\Delta z}\right)$

ここで、$\Delta z \to 0$ のとき $\overline{\Delta z} \to 0$ は成立する。しかし、このとき、$\dfrac{\overline{\Delta z}}{\Delta z}$ は極限をもたない。その理由を調べてみよう。

$\Delta z = \Delta x + i\Delta y$ と書くと、

$$\dfrac{\overline{\Delta z}}{\Delta z} = \dfrac{\Delta x - i\Delta y}{\Delta x + \Delta yi} = \dfrac{(\Delta x - i\Delta y)^2}{(\Delta x)^2 + (\Delta y)^2} = \dfrac{(\Delta x)^2 - (\Delta y)^2 - 2i\Delta x\Delta y}{(\Delta x)^2 + (\Delta y)^2} \quad \cdots\cdots ③$$

となる。ここで、$\dfrac{\Delta y}{\Delta x} = m$ という関係を保ちながら $\Delta z \to 0$ の場合を考えてみよう。このとき③は、

$$\dfrac{\overline{\Delta z}}{\Delta z} = \dfrac{(\Delta x)^2 - (m\Delta x)^2 - 2mi\Delta x\Delta x}{(\Delta x)^2 + (m\Delta x)^2} = \dfrac{1-m^2-2mi}{1+m^2}$$

となる。したがって、$\Delta z \to 0$ のとき $\dfrac{\overline{\Delta z}}{\Delta z} \to \dfrac{1-m^2-2mi}{1+m^2}$ となり、m によって異なる極限値をもつことになる。したがって、$f(z) = |z|^2$ はすべての

複素数 z において微分可能ではない。当然、導関数は存在しない。

（注）(4) の解法については前節の〔例〕も参照してほしい。

 複素関数の導関数

複素関数 $f(z)$ の導関数 $f'(z)$、w'、$\dfrac{dw}{dz}$、$\dfrac{d}{dz}f(z)$ は次の式で定義される。

$$f'(z) = \frac{dw}{dz} = \lim_{\Delta z \to 0} \frac{\Delta w}{\Delta z} = \lim_{\Delta z \to 0} \frac{f(z+\Delta z) - f(z)}{\Delta z}$$

ここで、$\Delta z \to 0$ は Δz が 0 に近づくあらゆる状態を想定している。

実関数と見た目は同じだが中身は…

（注）$\Delta z = re^{i\theta}$ と書いた場合、$\Delta z \to 0$ は θ は任意で $r \to 0$ を意味する。このとき、$\displaystyle\lim_{\Delta z \to 0} \frac{f(z+\Delta z) - f(z)}{\Delta z}$ の計算で θ が残ったら $f'(z)$ は存在しないことになる（前節の〔例〕参照）。

4-4 微分可能（正則）とコーシー・リーマンの方程式

実関数の場合、関数そのものが微分可能かどうかは定義式にあてはめて判定した。しかし、複素関数の場合には微分可能かどうかの判定式が定義式以外に存在する。それがここで紹介するコーシー・リーマンの方程式である。

●微分可能を判定するには

複素関数 $f(z)$ の微分可能を判定するには $\lim_{\Delta z \to 0} \dfrac{f(z+\Delta z)-f(z)}{\Delta z}$ を利用する。しかし、「$\Delta z \to 0$」はあらゆる方向から 0 に近づくことを意味するので、この極限計算は大変である。しかし、複素関数の場合、この極限計算を行なわずに関数の一部の特徴を調べるだけで、それが微分可能かどうかを判定することができる。

●コーシー・リーマンの方程式

複素関数 $w=f(z)$ の導関数の存在、つまり、微分可能は次の①式の極限値が存在することである。

$$f'(z) = \frac{dw}{dz} = \lim_{\Delta z \to 0} \frac{\Delta w}{\Delta z} = \lim_{\Delta z \to 0} \frac{f(z+\Delta z)-f(z)}{\Delta z} \quad \cdots\cdots ①$$

つまり、複素数 Δz がどのように 0 に近づこうとも $\dfrac{f(z+\Delta z)-f(z)}{\Delta z}$ が z に対して確定することである。ということは、Δz が実数をとって 0 に近づいても、純虚数をとって 0 に近づいても、それらの極限値は等しくなることが必要である。このことをよりどころ

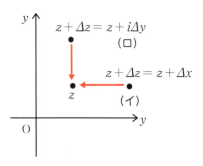

に、複素関数が微分可能であるための必要条件を調べてみることにしよう。

$z = x + yi$ とし、複素関数 $f(z)$ の実部を $u(x, y)$、虚部を $v(x, y)$ とするとき、$f(z)$ は $f(z) = u(x, y) + iv(x, y)$ と書ける。ここで、$\Delta z = \Delta x + i\Delta y$ と書いて導関数 $f'(z)$ を x、y、Δx、Δy を用いて表現すると、①より次のようになる。

$$f'(z) = \lim_{\Delta z \to 0} \frac{f(z + \Delta z) - f(z)}{\Delta z}$$

$$= \lim_{\Delta z \to 0} \frac{\{u(x+\Delta x,\ y+\Delta y) + iv(x+\Delta x,\ y+\Delta y)\} - \{u(x,\ y) + iv(x,\ y)\}}{\Delta x + i\Delta y}$$

……②

（イ）Δz が実数をとって 0 に近づくとき（$\Delta y = 0$：前ページの図（イ）の場合）

このとき、$\Delta z = \Delta x + i\Delta y = \Delta x$ と書けるので、②は次のようになる。

$$f'(z) = \lim_{\Delta z \to 0} \frac{f(z + \Delta z) - f(z)}{\Delta z}$$

$$= \lim_{\Delta x \to 0} \frac{\{u(x+\Delta x,\ y) + iv(x+\Delta x,\ y)\} - \{u(x,\ y) + iv(x,\ y)\}}{\Delta x}$$

$$= \lim_{\Delta x \to 0} \left\{ \frac{u(x+\Delta x,\ y) - u(x,\ y)}{\Delta x} + i\frac{v(x+\Delta x,\ y) - v(x,\ y)}{\Delta x} \right\}$$

$$= \frac{\partial u}{\partial x} + i\frac{\partial v}{\partial x} \quad \text{……③}$$

（ロ）Δz が純虚数をとって 0 に近づくとき（$\Delta x = 0$：前ページの図（ロ）の場合）

このとき、$\Delta z = \Delta x + i\Delta y = i\Delta y$ と書けるので、②は次のようになる。

$$f'(z) = \lim_{\Delta z \to 0} \frac{f(z+\Delta z) - f(z)}{\Delta z}$$

$$= \lim_{\Delta y \to 0} \frac{\{u(x, y+\Delta y) + iv(x, y+\Delta y)\} - \{u(x, y) + iv(x, y)\}}{i\Delta y}$$

$$= \lim_{\Delta y \to 0} \frac{1}{i} \left\{ \frac{u(x, y+\Delta y) - u(x, y)}{\Delta y} + i \frac{v(x, y+\Delta y) - v(x, y)}{\Delta y} \right\}$$

$$= \frac{1}{i} \left(\frac{\partial u}{\partial y} + i \frac{\partial v}{\partial y} \right) = \frac{\partial v}{\partial y} - i \frac{\partial u}{\partial y} \quad \cdots\cdots ④$$

複素関数 $f(z)$ の導関数が存在するためには③と④が一致する必要がある。したがって次の式が成立しなければならない。

$$\frac{\partial u}{\partial x} + i \frac{\partial v}{\partial x} = \frac{\partial v}{\partial y} - i \frac{\partial u}{\partial y}$$

これが、コーシー・リーマンの方程式

実部と虚部が等しいことより

$$\frac{\partial u}{\partial x} = \frac{\partial v}{\partial y}, \quad \frac{\partial u}{\partial y} = -\frac{\partial v}{\partial x} \quad \cdots\cdots ⑤$$

を得る。これは複素関数 $f(z)$ の導関数 $f'(z)$ が存在するための必要条件である。逆に、⑤が成立するとき複素関数 $f(z)$ の導関数 $f'(z)$ が存在することが証明できる（「付録3」参照）。したがって、⑤は複素関数 $f(z)$ の導関数 $f'(z)$ が存在するための、つまり、$f(z)$ が正則であるための必要十分条件となる。この⑤の連立方程式は「**コーシー・リーマンの方程式**」と呼ばれている。

なお、コーシー・リーマンの方程式がみたされているとき、③、④より複素関数 $f(z) = u(x, y) + iv(x, y)$ の導関数 $f'(z)$ は次の式で表わされる。

$$f'(z) = \frac{\partial u}{\partial x} + i \frac{\partial v}{\partial x} \quad \text{または} \quad f'(z) = -i \frac{\partial u}{\partial y} + \frac{\partial v}{\partial y} \quad \cdots\cdots ⑥$$

（注）$f(z)$ の正則性を判定する他の方法に $W(z, \bar{z})$ **判定法**がある。これは複素関数 $f(z)$ を表わす式に $\bar{z}$ が含まれなければ $f(z)$ は正則であるという判定法である。詳しくは付録6参照。

〔例〕次の関数は正則かどうかを調べ、正則ならば導関数を求めなさい。

(1) $f(z) = z^2$

(2) $f(z) = |z|^2$

(3) $f(z) = \dfrac{1}{z}$

> $f'(z) = \dfrac{dw}{dz} = \lim\limits_{\Delta z \to 0} \dfrac{\Delta w}{\Delta z} = \lim\limits_{\Delta z \to 0} \dfrac{f(z+\Delta z) - f(z)}{\Delta z}$ は使わないで求めてみよう!!

（解）

(1) $f(z) = z^2 = (x+yi)^2 = x^2 - y^2 + 2xyi$

これは $f(z) = u(x, y) + iv(x, y)$ において、$u(x, y) = x^2 - y^2$、$v(x, y) = 2xy$ と考えられる。このとき、

$$\dfrac{\partial u}{\partial x} = 2x、\dfrac{\partial v}{\partial y} = 2x、\dfrac{\partial u}{\partial y} = -2y、\dfrac{\partial v}{\partial x} = 2y$$

なので、コーシー・リーマンの方程式 $\dfrac{\partial u}{\partial x} = \dfrac{\partial v}{\partial y}$、$\dfrac{\partial u}{\partial y} = -\dfrac{\partial v}{\partial x}$ を満たす。よって、$f(z) = z^2$ は複素数全体で正則な関数である。このとき、⑥より

$$f'(z) = \dfrac{\partial u}{\partial x} + i\dfrac{\partial v}{\partial x} = 2x + 2iy = 2(x+iy) = 2z$$

(2) $f(z) = |z|^2 = z\bar{z} = (x+yi)(x-yi) = x^2 + y^2$

これは $f(z) = u(x, y) + iv(x, y)$ において、

$u(x, y) = x^2 + y^2$、$v(x, y) = 0$

と考えられる。このとき、$\dfrac{\partial u}{\partial x} = 2x$、$\dfrac{\partial v}{\partial y} = 0$、$\dfrac{\partial u}{\partial y} = 2y$、$\dfrac{\partial v}{\partial x} = 0$ なので、

コーシー・リーマンの方程式 $\dfrac{\partial u}{\partial x} = \dfrac{\partial v}{\partial y}$、$\dfrac{\partial u}{\partial y} = -\dfrac{\partial v}{\partial x}$ を満たす z は $z = 0$

のみである。よって、$f(z) = |z|^2$ はいたるところ正則な関数ではない。

(3) $f(z) = \dfrac{1}{z} = \dfrac{1}{x+yi} = \dfrac{x-yi}{x^2+y^2} = \dfrac{x}{x^2+y^2} - \dfrac{y}{x^2+y^2}i \ (z \neq 0)$

これは $f(z) = u(x, y) + iv(x, y)$ において、

$$u(x, y) = \dfrac{x}{x^2+y^2}、v(x, y) = \dfrac{-y}{x^2+y^2}$$

と考えられる。このとき、

$$\frac{\partial u}{\partial x} = \frac{y^2 - x^2}{(x^2 + y^2)^2}、\frac{\partial v}{\partial y} = \frac{y^2 - x^2}{(x^2 + y^2)^2}、\frac{\partial u}{\partial y} = \frac{-2xy}{(x^2 + y^2)^2}、\frac{\partial v}{\partial x} = \frac{2xy}{(x^2 + y^2)^2}$$

よって、コーシー・リーマンの方程式 $\frac{\partial u}{\partial x} = \frac{\partial v}{\partial y}$、$\frac{\partial u}{\partial y} = -\frac{\partial v}{\partial x}$ を満たす。

ゆえに、$f(z) = \frac{1}{z}$ は $z=0$ を除く複素数全体で正則な関数である。

⑥より $f'(z) = \frac{\partial u}{\partial x} + i\frac{\partial v}{\partial x} = \frac{y^2 - x^2}{(x^2 + y^2)^2} + i\frac{2xy}{(x^2 + y^2)^2} = \frac{-1}{z^2}$

なぜならば、$\frac{-1}{z^2} = -\frac{1}{(x+yi)^2} = -\frac{(x-yi)^2}{(x+yi)^2(x-yi)^2} = \frac{y^2 - x^2 + 2xyi}{(x^2 + y^2)^2}$

●極形式で表わされたコーシー・リーマンの方程式

複素数 $z = x + yi$ は極形式で $z = r(\cos\theta + i\sin\theta)$ と表現される。このとき、$x = r\cos\theta$、$y = r\sin\theta$ となり、x と y は r と θ の関数となる。したがって、$f(z) = u(x, y) + iv(x, y)$ における $u(x, y)$ と $v(x, y)$ は r と θ の関数になる。このとき、コーシー・リーマンの方程式

$$\frac{\partial u}{\partial x} = \frac{\partial v}{\partial y}、\frac{\partial u}{\partial y} = -\frac{\partial v}{\partial x} \quad \cdots\cdots ⑤$$

は r と θ を用いて次のように書き換えることができる。

$$\frac{\partial u}{\partial r} = \frac{1}{r}\frac{\partial v}{\partial \theta}、\frac{1}{r}\frac{\partial u}{\partial \theta} = -\frac{\partial v}{\partial r} \quad \cdots\cdots ⑥$$

⑥は「**極形式で表わされたコーシー・リーマンの方程式**」と呼ばれている（成立理由については付録5参照）。

なお、⑥が成立しているとき $f(z) = u(r, \theta) + iv(r, \theta)$ に対して $f'(z)$ は次の式で与えられる（成立理由は付録5参照）。

$$f'(z) = e^{-i\theta}\left(\frac{\partial u}{\partial r} + i\frac{\partial v}{\partial r}\right)$$

正則が簡単に判定できるコーシー・リーマンの方程式

複素関数が $f(z) = u(x, y) + iv(x, y)$ と表現された場合

(1) $f(z) = u(x, y) + iv(x, y)$ が正則 $\Leftrightarrow \dfrac{\partial u}{\partial x} = \dfrac{\partial v}{\partial y}$、$\dfrac{\partial u}{\partial y} = -\dfrac{\partial v}{\partial x}$

（注）厳密には、$u(x, y)$、$v(x, y)$ は偏微分可能で、$\dfrac{\partial u}{\partial x}$、$\dfrac{\partial u}{\partial y}$、$\dfrac{\partial v}{\partial x}$、$\dfrac{\partial v}{\partial y}$ は各々連続であるという条件をつける必要がある。

複素関数の微分は実関数の偏微分が決め手なんだ!!

(2) $f(z) = u(x, y) + iv(x, y)$ がコーシー・リーマンの方程式を満たせば、つまり、$f(z)$ が正則であれば、

$$f'(z) = \frac{\partial u}{\partial x} + i\frac{\partial v}{\partial x} = -i\frac{\partial u}{\partial y} + \frac{\partial v}{\partial y}$$

4-5 複素関数の微分の公式

実関数 $f(x)$ の場合、いろいろな微分の公式を学んだが、複素関数 $f(z)$ に関しても同じような公式が成立する。

●微分の定義式の形式は実関数も複素関数もまったく同じ

実関数 $y=f(x)$ の**導関数** $f'(x)$ の定義と、複素関数 $w=f(z)$ の導関数 $f'(z)$ の定義は、その形式は同じである。

$$f'(x) = \frac{dy}{dx} = \lim_{\Delta x \to 0} \frac{\Delta y}{\Delta x} = \lim_{\Delta x \to 0} \frac{f(x+\Delta x)-f(x)}{\Delta x} \quad \cdots\cdots ①$$

$$f'(z) = \frac{dw}{dz} = \lim_{\Delta z \to 0} \frac{\Delta w}{\Delta z} = \lim_{\Delta z \to 0} \frac{f(z+\Delta z)-f(z)}{\Delta z} \quad \cdots\cdots ②$$

したがって、実関数の場合の微分の公式は複素関数でも成立する。

〔例〕 次の微分に関する公式が成り立つことを示せ。

(1) $\{f(z)+g(z)\}' = f'(z)+g'(z)$

(2) $\{f(z)g(z)\}' = f'(z)g(z)+f(z)g'(z)$

〔解〕 定義②にあてはめて計算する。

(1) $h(z)=f(z)+g(z)$ とおくと、

$$h'(z) = \lim_{\Delta z \to 0} \frac{h(z+\Delta z)-f(z)}{\Delta z}$$

$$= \lim_{\Delta z \to 0} \frac{f(z+\Delta z)+g(z+\Delta z)-f(z)-g(z)}{\Delta z}$$

$$= \lim_{\Delta z \to 0} \left\{ \frac{f(z+\Delta z)-f(z)}{\Delta z} + \frac{g(z+\Delta z)-g(z)}{\Delta z} \right\}$$

$$= f'(z)+g'(z)$$

よって、$\{f(z)+g(z)\}' = f'(z)+g'(z)$

(2) $h(z) = f(z)g(z)$ とおくと

$$h'(z) = \lim_{\Delta z \to 0} \frac{f(z+\Delta z)g(z+\Delta z) - f(z)g(z)}{\Delta z}$$

$$= \lim_{\Delta z \to 0} \frac{f(z+\Delta z)g(z+\Delta z) - f(z)g(z+\Delta z) + f(z)g(z+\Delta z) - f(z)g(z)}{\Delta z}$$

$$= \lim_{\Delta z \to 0} \left\{ \frac{f(z+\Delta z) - f(z)}{\Delta z} g(z+\Delta z) + f(z) \frac{g(z+\Delta z) - g(z)}{\Delta z} \right\}$$

$$= f'(z)g(z) + f(z)g'(z)$$

 実関数と変わらない複素関数の微分の公式

(1) $\{cf(z)\}' = cf'(z)$ （c は定数）

(2) $\{f(z) \pm g(z)\}' = f'(z) \pm g'(z)$ （複号同順）

(3) $\{f(z)g(z)\}' = f'(z)g(z) + f(z)g'(z)$

(4) $\left\{\dfrac{f(z)}{g(z)}\right\}' = \dfrac{f'(z)g(z) - f(z)g'(z)}{\{g(z)\}^2}$

(5) $w = f(z)$ の逆関数を $z = f^{-1}(w)$ とするとき $\dfrac{dw}{dz} = \dfrac{1}{\dfrac{dz}{dw}}$

(6) $w = f(u)$、$u = g(z)$ のとき $\dfrac{dw}{dz} = \dfrac{dw}{du}\dfrac{du}{dz} = \dfrac{d}{du}f(u) \times \dfrac{d}{dz}g(z)$

（注）前ページの例でわかるように、上記の公式は実関数と同様に証明できる。

> 実関数の場合と同じだ!!

4-6 いろいろな複素関数の導関数

複素関数 e^z、$\sin z$、$\cos z$、z^a（aは複素数）……を第2章で定義した。ここでは、これらの関数の導関数を調べてみよう。

● 一価関数の導関数

いくつかの有名な一価関数についてその導関数を紹介しよう。

(1) z^n（n は整数）の導関数は nz^{n-1}

（ⅰ）n が自然数のときには、$(z^n)' = nz^{n-1}$ ……① となることは数学的帰納法で証明できる。簡単に述べると次のようになる。

（イ）$n = 1$ のとき $\dfrac{d}{dz}z = \lim\limits_{\Delta z \to 0} \dfrac{(z+\Delta z)-z}{\Delta z} = \lim\limits_{\Delta z \to 0} \dfrac{\Delta z}{\Delta z} = \lim\limits_{\Delta z \to 0} 1 = 1$ となり

①が成り立つ。

（ロ）$n = k$ のときに①が成立すると仮定する。つまり、$(z^k)' = kx^{k-1}$ とする。このとき、積の微分法（§4-5）より、

$$(z^{k+1})' = (z^k z)' = (z^k)'z + z^k(z)' = kz^{k-1}z + z^k = (k+1)z^k$$

となる。これは①が $n = k+1$ のときにも成立することを示している。

（イ）、（ロ）より①はすべての自然数 n について成立する。

（ⅱ）$n = 0$ のときには $z^n = z^0 = 1$ なので、やはり、①が成立する。

（ⅲ）n が負の整数のときには $n = -m$ とすると m は正の整数となり、$z^n = \dfrac{1}{z^m}$ となる。すると、商の微分法（§4-5）より、このときも①の成立することがわかる。

よって、（ⅰ）（ⅱ）（ⅲ）より、すべての整数 n について $(z^n)' = nz^{n-1}$ が成立する。

なお、$(z^n)' = nz^{n-1}$ と $\{kf(z)+lg(z)\}' = kf'(z)+lg'(z)$ より、

$$(a_n z^n + a_{n-1} z^{n-1} + \cdots + a_2 z^2 + a_1 z + a_0)'$$
$$= n a_n z^{n-1} + (n-1) a_{n-1} z^{n-2} + \cdots + 2 a_2 z + a_1$$

ただし、n は 0 以上の整数、$a_i (i = 0, 1, \cdots, n)$ は複素数とする。

(2) 指数関数 e^z の導関数は e^z

$f(z) = e^z$ とおく。e^z の定義（§2−3）より

$$f(z) = e^z = e^{x+yi} = e^x e^{yi} = e^x(\cos y + i \sin y) = e^x \cos y + i e^x \sin y$$

$u(x, y) = e^x \cos y$、$v(x, y) = e^x \sin y$ とすると

$$\frac{\partial u}{\partial x} = e^x \cos y、\frac{\partial v}{\partial y} = e^x \cos y、\frac{\partial u}{\partial y} = -e^x \sin y、\frac{\partial v}{\partial x} = e^x \sin y$$

したがって、次のコーシー・リーマンの方程式が成立する。

$$\frac{\partial u}{\partial x} = \frac{\partial v}{\partial y}、\frac{\partial u}{\partial y} = -\frac{\partial v}{\partial x}$$

よって、$f(z) = e^z$ は正則である。

$f(z)$ が正則であれば、その導関数は $f'(z) = \frac{\partial u}{\partial x} + i \frac{\partial v}{\partial x}$ である（§4−4）。

ゆえに、$f'(z) = (e^z)' = e^x \cos y + i e^x \sin y = e^x(\cos y + i \sin y) = e^z$

つまり、$(e^z)' = e^z$ が成立する。

(3) 三角関数 $\cos z$、$\sin z$ 導関数はそれぞれ $-\sin z$、$\cos z$

三角関数 $\cos z$、$\sin z$ は次のように定義された。

$$\cos z = \frac{e^{iz} + e^{-iz}}{2}、\sin z = \frac{e^{iz} - e^{-iz}}{2i}$$

$(e^z)' = e^z$ と合成関数の微分法より

$$(\cos z)' = \left(\frac{e^{iz} + e^{-iz}}{2}\right)' = \frac{(e^{iz})' + (e^{-iz})'}{2} = \frac{i e^{iz} - i e^{-iz}}{2}$$
$$= -\frac{e^{iz} - e^{-iz}}{2i} = -\sin z$$
$$(\sin z)' = \left(\frac{e^{iz} - e^{-iz}}{2i}\right)' = \frac{(e^{iz})' - (e^{-iz})'}{2i} = \frac{i e^{iz} + i e^{-iz}}{2i}$$
$$= \frac{e^{iz} + e^{-iz}}{2} = \cos z$$

よって、次のことが成立する。

$$(\cos z)' = -\sin z,\quad (\sin z)' = \cos z$$

●多価関数の導関数

$\log_e z$ は無限多価関数である（§2-9）。また、z^{α} は α が整数のときは一価関数だが、そうでなければ m 価関数か無限多価関数である（§2-13）。このような一価関数でない関数については基本的には導関数は存在しない。その理由を調べてみよう。

複素関数 $w = f(z)$ の点 z_0 における微分係数は次のように定義された。

$$f'(z_0) = \lim_{z \to z_0} \frac{f(z) - f(z_0)}{z - z_0}$$

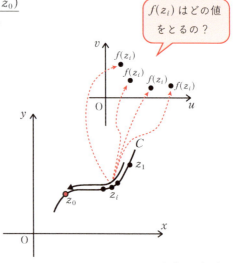

ここで、z は任意の経路を通って z_0 に近づくことになる。したがって、そのうちの1つの経路 C を通っても $\dfrac{f(z) - f(z_0)}{z - z_0}$ は一定の値に近づかなければならない。しかし、C 上の個々の点 z_i ($i = 1, 2, 3, \cdots\cdots$) において $f(z)$ が多価関数の場合はどの $f(z)$ の値をとるのか決めかねてしまう。したがって $\dfrac{f(z) - f(z_0)}{z - z_0}$ の値は一通りには定まらないので、これが一定の値に近づくことはできなくなる。

例えば、$w = f(z) = z^{\frac{1}{2}}$ の場合、これは2価関数である（§2-13）。したがって、曲線 C 上の z_i と z_0 に対して $f(z_i)$ と $f(z_0)$ の値は各々二通りの値をとることになり、$\dfrac{f(z_i) - f(z_0)}{z_i - z_0}$ の値は1つに確定しないのである。

したがって、多価関数の場合、任意の点 z_0 において微分係数は存在し

ないことになる。つまり、多価関数は正則関数にはなり得ないのである。

しかし、多価関数は適当な条件をつけて一価関数として扱えるようにすればその導関数が考えられるようになる。

(1) $\log_e z$ の導関数

複素数 $z = re^{i\theta}$ に対して対数関数 $\log_e z$ は次のように定義された（§2-9）。

$$w = \log_e z = \ln r + i\theta + 2n\pi i \quad (n = 0, \pm 1, \pm 2, \pm 3, \cdots) \quad \cdots\cdots ②$$

ただし、$r = |z|$、$\theta = \mathrm{Arg}\, z$ ……z の偏角の主値（§1-5）

②式の定義でわかるように $\log_e z$ は無限多価関数である。しかし、

$$\mathrm{Log}_e z = \ln r + i\theta、r = |z|、\theta = \mathrm{Arg}\, z \quad \cdots\cdots ③$$

とすれば、$\log_e z$ は一価関数となり、その導関数が考えられる。

関数③を $f(z) = u(r, \theta) + iv(r, \theta)$ の形とみなすと

$$u(r, \theta) = \ln r、v(r, \theta) = \theta$$

ゆえに、

$$\frac{\partial u}{\partial r} = \frac{1}{r}、\frac{1}{r}\frac{\partial v}{\partial \theta} = \frac{1}{r} \times 1 = \frac{1}{r}、\frac{1}{r}\frac{\partial u}{\partial \theta} = \frac{1}{r} \times 0 = 0、-\frac{\partial v}{\partial r} = 0$$

よって、コーシー・リーマンの方程式 $\dfrac{\partial u}{\partial r} = \dfrac{1}{r}\dfrac{\partial v}{\partial \theta}$、$\dfrac{1}{r}\dfrac{\partial u}{\partial \theta} = -\dfrac{\partial v}{\partial r}$

（§4-4）を満たすことがわかる。ゆえに、導関数が存在して、

$$f'(z) = e^{-i\theta}\left(\frac{\partial u}{\partial r} + i\frac{\partial v}{\partial r}\right) = e^{-i\theta}\left(\frac{1}{r} + i \times 0\right) = \frac{1}{re^{i\theta}} = \frac{1}{z} \text{ となる。}$$

つまり、$(\mathrm{Log}_e z)' = \dfrac{1}{z}$ が成立する。

(2) z^α（α は複素数）の導関数

指数 α と変数 z がともに複素数のとき、べき関数 z^α は次のように定義された（§2-12）。

$$w = z^\alpha = e^{\alpha \log_e z} \quad \cdots\cdots ④$$

ここで、対数関数 $\log_e z$ は次の式で定義される無限多価関数である。

$$\log_e z = \ln|z| + i\arg z = \ln r + i(\theta + 2n\pi) \quad (n = 0, \pm 1, \pm 2, \cdots)$$

ただし、$r = |z|$、$\theta = \text{Arg} z$

したがって、z^α は無限多価関数である。しかし、$\log_e z$ の値を主値

$$\text{Log}_e z = \ln r + i\theta$$

に限定すれば④は次の一価関数となり導関数が考えられる。

$$f(z) = z^\alpha = e^{\alpha \text{Log}_e z} = e^{\alpha(\ln r + i\theta)} \quad \cdots\cdots ⑤$$

ここで、$\alpha = p + qi$（p、q は実数）とすると、④は

$$z^\alpha = e^{\alpha \text{Log}_e z} = e^{(p+qi)(\ln r + i\theta)} = e^{(p\ln r - q\theta) + (p\theta + q\ln r)i}$$

$$= e^{p\ln r - q\theta}\{\cos(p\theta + q\ln r) + i\sin(p\theta + q\ln r)\}$$

関数⑤を $f(z) = u(r, \theta) + iv(r, \theta)$ の形とみなすと

$$u(r, \theta) = e^{p\ln r - q\theta}\cos(p\theta + q\ln r),\quad v(r, \theta) = e^{p\ln r - q\theta}\sin(p\theta + q\ln r)$$

となる。よって、

$$\frac{\partial u}{\partial r} = \frac{1}{r}e^{p\ln r - q\theta}\{p\cos(p\theta + q\ln r) - q\sin(p\theta + q\ln r)\}$$

$$\frac{1}{r}\frac{\partial v}{\partial \theta} = \frac{1}{r}e^{p\ln r - q\theta}\{(-q)\sin(p\theta + q\ln r) + p\cos(p\theta + q\ln r)\}$$

$$\frac{1}{r}\frac{\partial u}{\partial \theta} = \frac{1}{r}e^{p\ln r - q\theta}\{(-q)\cos(p\theta + q\ln r) - p\sin(p\theta + q\ln r)\}$$

$$-\frac{\partial v}{\partial r} = -\frac{1}{r}e^{p\ln r - q\theta}\{p\sin(p\theta + q\ln r) + q\cos(p\theta + q\ln r)\}$$

ゆえに、$f(z) = z^\alpha = e^{\alpha \text{Log}_e z}$ は、コーシー・リーマンの方程式

$$\frac{\partial u}{\partial r} = \frac{1}{r}\frac{\partial v}{\partial \theta},\quad \frac{1}{r}\frac{\partial u}{\partial \theta} = -\frac{\partial v}{\partial r}$$

を満たすことがわかる。よって、導関数が存在して、

$$f'(z) = e^{-i\theta}\left(\frac{\partial u}{\partial r} + i\frac{\partial v}{\partial r}\right) \quad \text{となる。}$$

ここで、$s = p\ln r - q\theta$、$t = p\theta + q\ln r$ とすると、先の計算から、

$$\frac{\partial u}{\partial r} = \frac{1}{r}e^s(p\cos t - q\sin t),\quad \frac{\partial v}{\partial r} = \frac{1}{r}e^s(p\sin t + q\cos t)$$

ゆえに、

$$\frac{\partial u}{\partial r}+i\frac{\partial v}{\partial r}=\frac{1}{r}e^{s}\{(p\cos t-q\sin t)+i(p\sin t+q\cos t)\}$$

$$=\frac{1}{r}e^{s}\{p(\cos t+i\sin t)+q(i\cos t-\sin t)\}$$

$$=\frac{1}{r}e^{s}\{p(\cos t+i\sin t)+iq(\cos t+i\sin t)\}$$

$$=\frac{1}{r}e^{s}(pe^{it}+iqe^{it})=e^{-\ln r}e^{s}e^{it}(p+qi)$$

（注）$\dfrac{1}{r}=e^{\ln\frac{1}{r}}=e^{-\ln r}$

よって

$$f'(z)=e^{-i\theta}\left(\frac{\partial u}{\partial r}+i\frac{\partial v}{\partial r}\right)=e^{-i\theta}e^{-\ln r}e^{s}e^{it}(p+qi)$$

$$=(p+qi)e^{-i\theta-\ln r+s+it}=(p+qi)e^{-i\theta-\ln r+p\ln r-q\theta+i(p\theta+q\ln r)}$$

$$=(p+qi)e^{(p-1+qi)(\ln r+i\theta)}=\alpha e^{(\alpha-1)(\ln r+i\theta)}=\alpha e^{(\alpha-1)\mathrm{Log}_{e}z}$$

$$=\alpha z^{\alpha-1} \quad \cdots\cdots ④ より$$

ゆえに、$(z^{\alpha})'=\alpha z^{\alpha-1}$ が成立する。

 実関数と変わらない複素関数の導関数

(1) $(z^{n})'=nz^{n-1}$ ただし、n は整数

(2) $(e^{z})'=e^{z}$

(3) $(\cos z)'=-\sin z$、$(\sin z)'=\cos z$

実関数の場合と同じだ!!

なお、z の偏角を主値に限定すれば次の (4)、(5) が成り立つ。

(4) $(\mathrm{Log}_{e}z)'=\dfrac{1}{z}$

(5) $(z^{\alpha})'=\alpha z^{\alpha-1}$ ただし、α は複素数

（注）実関数の場合には次のことが成り立つ。
$(x^{n})'=nx^{n-1}$、$(\cos x)'=-\sin x$、$(\sin x)'=\cos x$、$(e^{x})'=e^{x}$、$(\log_{e}x)'=\dfrac{1}{x}$、$(x^{a})'=ax^{a-1}$ ただし、a は実数とする。

もう一歩進んで $z_{k+1} = z_k^2 + \alpha$ とフラクタル

z_{k+1}、z_k、αを複素数とし、複素平面上で次の変換を考える。

$z_{k+1} = z_k^2 + \alpha \quad (k = 0, 1, 2, 3, \cdots, n, \cdots)$、$z_0 = 0$ ……①

つまり、z_kを2乗してαを加えた数をz_{k+1}とし、これを何回も繰り返すのである。このとき得られる項数nの

　　　複素数列 $z_0, z_1, z_2, z_3, \cdots, z_n$

を考え、途中で$|z_k|$がある一定の値より大きくなるかどうかで複素平面上の点αの色を塗り分けることにする。このとき複素平面上で塗り分けられた点の集合は**マンデルブロ集合**と呼ばれている（下図）。なお、①のように同じ変換を繰り返すことによって得られる図形はフラクタル図形と呼ばれている。

下図は、複素平面上の$|\alpha| \leq 2$を満たす各αに対して①の変換を$n = 100$回繰り返してもz_kが半径2の円内に留まっていたらαを黒で、途中で半径2の円から飛び出したらαを黒以外のカラーで描いてできた図形である。下図の場合は8色を使うことを前提に、飛び出したときの回数を8で割った余りが同じかどうかで塗り分けている。

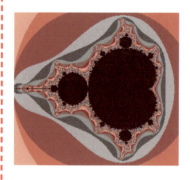
一部拡大 ⇒
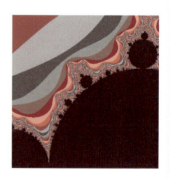

（注）マンデルブロ（仏の数学者、経済学者：1924～2010）は経済現象を数学で解明しようとしてフラクタルの理論に行き着いたといわれている。

第5章

複素関数の積分

複素関数の積分は線積分と呼ばれる積分で、これは実関数の定積分と同じ方法で求めることができる。また、ここで学ぶ「コーシーの積分定理」は複素解析の中でも核心をなすテーマである。

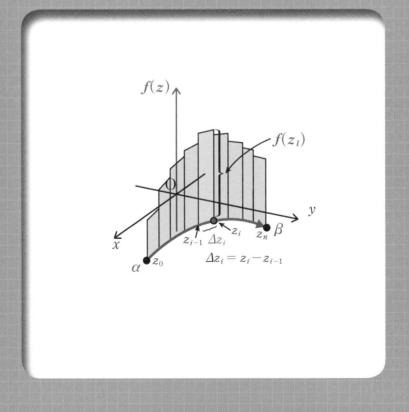

5-1 実関数の線積分

複素関数の積分は基本的には線積分と呼ばれるものである。そこで、まずは、その基本となる実関数の線積分について調べてみることにする。

● 高校で学んだ定積分は直線（x軸）に沿っての線積分である

関数$f(x)$の積分$\int_a^b f(x)dx$は、$\lim_{n\to\infty}\sum_{i=1}^n f(x_i)\Delta x$で定義された（§3−8）。

これは、図形的には右図の$f(x)$を高さとする色のついた微小長方形の面積$f(x_i)\Delta x$をx軸に沿って加えた和の極限である。それでは、この**「x軸方向に沿う」という考え方を「曲線方向に沿う」という考え方に変えたら、積分はどうなるのだろうか。**

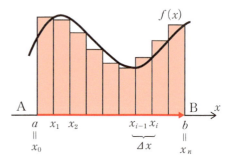

つまり、x軸上ではなく、xy平面上の点Aから点Bに向かう有向曲線Cと、この曲線上で定義された$f(x, y)$にあてはめたらどうなるだろうか。

（注）点Bから点Aに向かう有向曲線を$-C$と書くことにする。

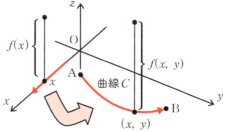

関数 $f(x)$ の x 軸に沿った積分では x 軸上の区間 $[a, b]$ を n 分割した（前ページ図）。そこで、曲線 C も右図のように n 分割し、分割点にそれぞれ

P_0、P_1、P_2、…、P_{i-1}、P_i、…、P_n と名前を付ける。また、点 A から点 P_i までの曲線の長さを s_i とする。すると、このとき、弧 $P_{i-1}P_i$ の長さは $\Delta s_i = s_i - s_{i-1}$ と書ける。

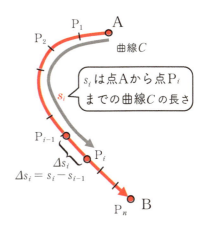

関数 $f(x)$ の x 軸に沿った積分は「微小長方形の面積 $f(x_i) \times \Delta x_i$」（左下図）の総和の極限である。したがって、もし、xy 平面上の曲線 C に沿った関数 $f(x, y)$ の積分を考えるのであれば、右下図の「微小曲面の面積 $f(x_i, y_i) \times \Delta s_i$ の総和の極限」と考えるのが自然である。

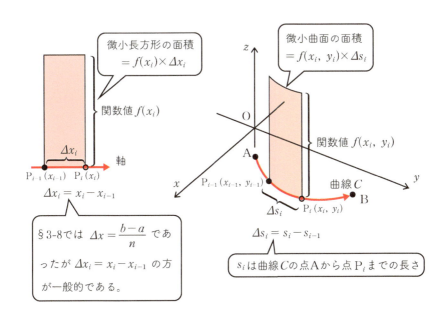

つまり、左下の微小長方形を右下のような衝立状の微小曲面に置き換え、分割を限りなく細かくした場合の極限計算をするのである。

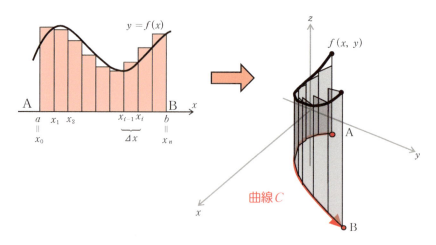

> ● 線積分の定義

$\int_a^b f(x)dx = \lim_{\substack{n \to \infty \\ \Delta x_i \to 0}} \sum_{i=1}^n f(x_i)\Delta x_i$ は x 軸に沿った積分である。そこで、xy 平面上の曲線 C とその上で定義された関数 $f(x, y)$ に対して、

$$\lim_{\substack{n \to \infty \\ \Delta s_i \to 0}} \sum_{i=1}^n f(x_i, y_i)\Delta s_i$$

を点 A から点 B に向かう有向曲線 C に沿った関数 $f(x, y)$ の**線積分**といい、$\int_C f(x, y)ds$ と書くことにする。つまり、

$$\int_C f(x, y)ds = \lim_{\substack{n \to \infty \\ \Delta s_i \to 0}} \sum_{i=1}^n f(x_i, y_i)\Delta s_i \quad \cdots\cdots ①$$

ここで C を**積分路**(または積分経路)という。

なお、①の線積分は $\int_{AB} f(x, y)ds$、$\int_C fds$ などと表わされることもある。

実関数の線積分

● **線積分の定義**

xy 平面上に曲線 C と、この曲線上で定義された関数 $f(x, y)$ があるとき、関数 $f(x, y)$ の C に沿った線積分 $\int_C f(x, y) ds$ を次の式で定義する。

$$\int_C f(x, y) ds = \lim_{\substack{n \to \infty \\ \Delta s_i \to 0}} \sum_{i=1}^{n} f(x_i, y_i) \Delta s_i \quad \cdots\cdots ①$$

ただし、s_i は右図の点 A から点 P_i までの曲線の長さを表わし、$\Delta s_i = s_i - s_{i-1}$ とする。

● **線積分の図形的意味**

線積分①は $z = f(x, y) \geq 0$ のとき右下図の衝立(網掛け部分)の面積を表わしている。

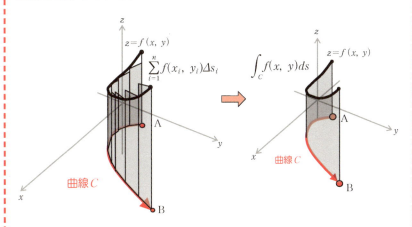

(注)$f(x, y) < 0$ であれば①は面積にマイナスをつけた値となる。

5-2 複素関数の積分

実関数 $f(x, y)$ を曲線 C に沿って積分したものが実関数の線積分である（§5-1）。ここでは、複素関数 $f(z)$ を複素平面（z 平面）上の曲線 C に沿って積分した複素関数の線積分を調べてみることにする。**通常、複素関数の積分といえば、この線積分を意味する。**

● 線積分の定義

実平面上の曲線 C と関数 $f(x, y)$ に対し、

$$\lim_{\substack{n \to \infty \\ \Delta s_i \to 0}} \sum_{i=1}^{n} f(x_i, y_i) \Delta s_i \quad \cdots\cdots ①$$

を曲線 C に沿った**線積分**といい、$\int_C f(x, y) ds$ と書いた。

そこで、複素平面上の曲線 C と複素関数 $f(z)$ に対しては、①に相当するものとして、

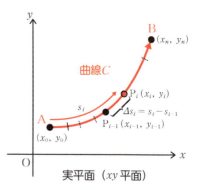

実平面（xy 平面）

$$\lim_{\substack{n \to \infty \\ \Delta z_i \to 0}} \sum_{i=1}^{n} f(z_i) \Delta z_i \quad \cdots\cdots ② \text{ を考える。}$$

これを複素関数 $f(z)$ の始点 α から終点 β に向かう曲線 C に沿った**線積分**といい、$\int_C f(z) dz$ と書くことにする。つまり、

$$\int_C f(z) dz = \lim_{\substack{n \to \infty \\ \Delta z_i \to 0}} \sum_{i=1}^{n} f(z_i) \Delta z_i \quad \cdots\cdots ③$$

ここで、z_i は曲線 C を n 分割したときの i 番目の弧の端点を表わす複素

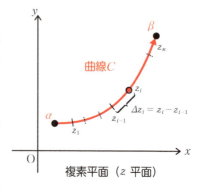

複素平面（z 平面）

数で、$f(z_i)$はそこでの関数値、また、$\Delta z_i = z_i - z_{i-1}$ とする。

（注）①の Δs_i は実数であるが②の Δz_i は複素数である。なお、Δs_i は曲線の微小な弧の長さだが、Δz_i は弧の長さではない。

●線積分の図形的意味

実関数の線積分は図形的には右図の衝立の面積といえる。しかし、複素関数の線積分を図で表現するのは困難である。それは、zが xy 平面（z 平面）上の曲線 C を動くとき、$f(z)$は uv 平面（w 平面）上を動くため $2 \times 2 = 4$ 次元の世界になり、3次元でその姿を見ることができないからである（下図）。

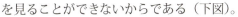

実関数の線積分

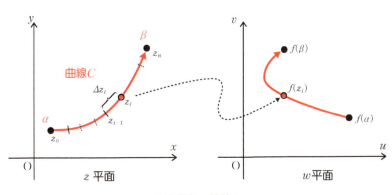

複素関数の線積分

●複素関数の線積分の計算そのものは実関数の積分

$$f(z) = f(x+yi) = u(x, y) + v(x, y)i$$

とする。また z 平面上の始点 α から終点 β に向かう曲線 C はパラメータ t

を用いて次のように表現されているものとする。

$z = z(t) = x(t) + iy(t) \quad (a \leqq t \leqq b)$

ここで、パラメータ t のとり得る値の範囲 $a \leqq t \leqq b$ を n 等分し、その等分点を順に

$t_0(=a)$、t_1、t_2、t_3、$\cdots$、t_{j-1}、t_j、$\cdots$、$t_n(=b)$ とする。また、

$$\Delta t = \frac{b-a}{n} \text{ とし、}$$

$\Delta z_j = z_j - z_{j-1}$、$\Delta x_j = x_j - x_{j-1}$、$\Delta y_j = y_j - y_{j-1}$

とする。ただし、$z_j = x_j + iy_j$、$z_j = z(t_j)$、$x_j = x(t_j)$、$y_j = y(t_j)$

すると、$\Delta z_j = z_j - z_{j-1} = (x_j + iy_j) - (x_{j-1} + iy_{j-1})$

$$= x_j - x_{j-1} + i(y_j - y_{j-1}) = \Delta x_j + i\Delta y_j$$

ゆえに、

$f(z_j)\Delta z_j = \{u(x_j, y_j) + iv(x_j, y_j)\}(\Delta x_j + i\Delta y_j)$

$$= \{u(x_j, y_j)\Delta x_j - v(x_j, y_j)\Delta y_j\}$$

$$+ i\{u(x_j, y_j)\Delta y_j + v(x_j, y_j)\Delta x_j\}$$

$$= \left\{u(x(t_j), y(t_j))\frac{\Delta x_j}{\Delta t} - v(x(t_j), y(t_j))\frac{\Delta y_j}{\Delta t}\right\}\Delta t$$

$$+ i\left\{u(x(t_j), y(t_j))\frac{\Delta y_j}{\Delta t} + v(x(t_j), y(t_j))\frac{\Delta x_j}{\Delta t}\right\}\Delta t$$

よって、積分の定義（§5-2）より

$$\int_C f(z)dz = \lim_{\substack{n \to \infty \\ \Delta z_j \to 0}} \sum_{j=1}^{n} f(z_j)\Delta z_j$$

$$= \int_a^b \left\{u(x(t), y(t))\frac{dx}{dt} - v(x(t), y(t))\frac{dy}{dt}\right\}dt$$

$$+ i\int_a^b \left\{u(x(t), y(t))\frac{dy}{dt} + v(x(t), y(t))\frac{dx}{dt}\right\}dt \quad \cdots\cdots ④$$

この式からわかるように、$\int_C f(z)dz$ の実部、虚部は単なる実関数の積分である。つまり、複素関数の線積分は実関数の積分に帰着する。

なお、$u(x(t), y(t))$、$v(x(t), y(t))$ はともに t の関数なので、④式は次のように単純化して覚えるとよい。

$$\int_C f(z)dz = \lim_{\substack{n \to \infty \\ \Delta z_j \to 0}} \sum_{j=1}^{n} f(z_j) \Delta z_j$$

$$= \int_a^b \left\{ u(t)\frac{dx}{dt} - v(t)\frac{dy}{dt} \right\} dt + i\int_a^b \left\{ u(t)\frac{dy}{dt} + v(t)\frac{dx}{dt} \right\} dt$$

〔例1〕積分路 C が次の場合に $\int_C z^2 dz$ を求めてみよう。

(1) 積分路 C_1 は原点中心、半径1の円を原点を中心に1から−1まで正の向きに半周するものとする。つまり、$x = \cos t$、$y = \sin t$ $(0 \leq t \leq \pi)$

(2) 積分路 C_2 は $z=1$ から $z=-1$ に至る直線とする。

つまり、$x = -t$、$y = 0$ $(-1 \leq t \leq 1)$

(3) 積分路 C_3 は $z=1$ から $z=i$ に至る直線 C_{3A}、その後、$z=i$ から $z=-1$ に至る直線 C_{3B} を合わせた折れ線とする。

つまり、C_{3A}：$x = 1-t$、$y = t$ $(0 \leq t \leq 1)$

C_{3B}：$x = -t$、$y = 1-t$ $(0 \leq t \leq 1)$

(1 の解)

$x = \cos t$、$y = \sin t$ $(0 \leq t \leq \pi)$ より、

$\dfrac{dx}{dt} = -\sin t$、$\dfrac{dy}{dt} = \cos t$ ……⑤

である。

複素変数 z を $z = x + yi$ で書き換えれば、複素関数 $f(z)$ は

$$f(z) = z^2 = x^2 - y^2 + 2xyi$$

となる。したがって、$f(z) = u(x, y) + iv(x, y)$ において、

$u(x, y) = x^2 - y^2$、$v(x, y) = 2xy$ ……⑥

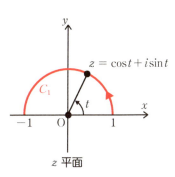

となる。⑤、⑥を④に代入すると、

$$\int_{C_1} z^2 dz = \int_0^\pi \{(\cos^2 t - \sin^2 t)(-\sin t) - 2\cos t \sin t \cos t\} dt$$
$$+ i \int_0^\pi \{(\cos^2 t - \sin^2 t)\cos t + 2\cos t \sin t (-\sin t)\} dt$$
$$= \int_0^\pi (\sin^3 t - 3\cos^2 t \sin t) dt + i \int_0^\pi (\cos^3 t - 3\sin^2 t \cos t) dt$$

ここで、

$$\int_0^\pi (\sin^3 t - 3\cos^2 t \sin t) dt = \int_0^\pi \{(1-\cos^2 t)\sin t - 3\cos^2 t \sin t\} dt$$
$$= \int_0^\pi (1 - 4\cos^2 t)\sin t dt = \int_1^{-1} (1-4s^2)(-ds)$$
$$= \int_{-1}^1 (1-4s^2) ds = -\frac{2}{3}$$

同様に計算して、

$$\int_0^\pi (\cos^3 t - 3\sin^2 t \cos t) dt = 0 \quad \text{ゆえに} \int_{C_1} z^2 dz = -\frac{2}{3} + 0i = -\frac{2}{3}$$

(2 の解)

$x = -t$、$y = 0$ $(-1 \leq t \leq 1)$ より、

$$\frac{dx}{dt} = -1, \quad \frac{dy}{dt} = 0 \quad \cdots\cdots ⑦ \text{である。}$$

$u(x, y) = x^2 - y^2$、$v(x, y) = 2xy$ ……⑥

となるので、⑥、⑦を④に代入すると、

$$\int_{C_2} z^2 dz = \int_{-1}^1 \{(t^2 - 0^2)(-1) - 2(-t) \times 0 \times 0\} dt$$
$$+ i \int_{-1}^1 \{(t^2 - 0^2) \times 0 + 2(-t) \times 0 \times (-1)\} dt$$
$$= -\int_{-1}^1 t^2 dt + i \int_{-1}^1 0 dt = -\frac{2}{3}$$

（3 の解）

（イ）$\int_{C_{3A}} z^2 dz$ について

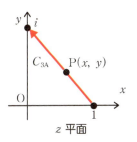

z 平面

$x = 1-t$、$y = t$ $(0 \leq t \leq 1)$ より、

$\dfrac{dx}{dt} = -1$、$\dfrac{dy}{dt} = 1$ ……⑧ である。

$$u(x, y) = x^2 - y^2、\quad v(x, y) = 2xy \quad ……⑥$$

なので、⑧⑥を④に代入すると、

$$\int_{C_{3A}} z^2 dz = \int_0^1 \{(1 - 2t + t^2 - t^2)(-1) - 2(1-t)t \times 1\}dt$$
$$\qquad + i\int_0^1 \{(1 - 2t + t^2 - t^2) \times 1 + 2(1-t)t \times (-1)\}dt$$
$$= \int_0^1 (2t^2 - 1)dt + i\int_0^1 (2t^2 - 4t + 1)dt = -\dfrac{1}{3} - \dfrac{1}{3}i$$

（ロ）$\int_{C_{3B}} z^2 dz$ について

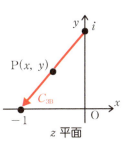

z 平面

$x = -t$、$y = 1-t$ $(0 \leq t \leq 1)$ より、

$\dfrac{dx}{dt} = -1$、$\dfrac{dy}{dt} = -1$ ……⑨

である。

$$u(x, y) = x^2 - y^2、\quad v(x, y) = 2xy \quad ……⑥$$

となるので、⑨、⑥を④に代入すると、

$$\int_{C_{3B}} z^2 dz = \int_0^1 \{(t^2 - 1 + 2t - t^2)(-1) - 2(t^2 - t) \times (-1)\}dt$$
$$\qquad + i\int_0^1 \{(t^2 - 1 + 2t - t^2) \times (-1) + 2(t^2 - t) \times (-1)\}dt$$
$$= \int_0^1 (2t^2 - 4t + 1)dt + i\int_0^1 (-2t^2 + 1)dt = -\dfrac{1}{3} + \dfrac{1}{3}i$$

（イ）、（ロ）より

$$\int_{C_3} z^2 dz = \int_{C_{3A}} z^2 dz + \int_{C_{3B}} z^2 dz = \left(-\dfrac{1}{3} - \dfrac{1}{3}i\right) + \left(-\dfrac{1}{3} + \dfrac{1}{3}i\right) = -\dfrac{2}{3}$$

（1、2、3 の解について）

(1)(2)(3) の解は積分路が違うが、ともに $-\dfrac{2}{3}$ で同じである。これは、偶然ではなく、被積分関数 $f(z)$ が正則で始点と終点が同じならば必ず成立するのである。この理由については後で説明しよう（§5-5）。

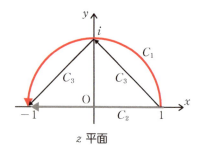

z 平面

なお、積分路 C をこの例の (1)(2)(3) のようにとって $\int_C |z|^2 dz$ を計算すると、それぞれ -2, $-\dfrac{2}{3}$, $-\dfrac{4}{3}$ となり等しくはない。その理由は $f(z)=|z|^2$ が正則でないことによる。

〔例 2〕 積分路 C が点 z_0 を中心とする半径 r の円を点 z_0 を左側に見て一周するとき、$\int_C (z-z_0)^n dz$ を求める。ただし、n は整数とする。

（解） 点 z_0 を中心とする半径 r の円 C 上の任意の点 z は

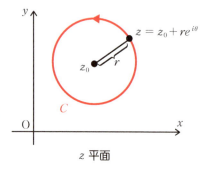

z 平面

$$z = z_0 + r(\cos\theta + i\sin\theta)$$
$$= z_0 + re^{i\theta}$$

と書ける。ただし、$0 \leq \theta \leq 2\pi$

よって、$z - z_0 = re^{i\theta}$、$(z-z_0)^n = r^n e^{in\theta}$、$\dfrac{dz}{d\theta} = ire^{i\theta}$

ゆえに、

$$\int_C (z-z_0)^n dz = \int_0^{2\pi} (z-z_0)^n \frac{dz}{d\theta} d\theta = \int_0^{2\pi} r^n e^{in\theta} ire^{i\theta} d\theta$$
$$= ir^{n+1} \int_0^{2\pi} e^{i(n+1)\theta} d\theta$$

ここで、オイラーの公式より

$$\int_0^{2\pi} e^{i(n+1)\theta} d\theta = \int_0^{2\pi} \{\cos(n+1)\theta + i\sin(n+1)\theta\} d\theta$$

よって、

$n+1=0$ のとき　$\int_0^{2\pi} e^{i(n+1)\theta} d\theta = \int_0^{2\pi} d\theta = 2\pi$

$n+1 \neq 0$ のとき　$\int_0^{2\pi} e^{i(n+1)\theta} d\theta = \left[\dfrac{\sin(n+1)\theta - i\cos(n+1)\theta}{n+1}\right]_0^{2\pi} = 0$

ゆえに、$n=-1$ のとき　$\int_C (z-z_0)^n dz = ir^{-1+1} \int_0^{2\pi} e^{i(n+1)\theta} d\theta = 2\pi i$

　　　　$n \neq -1$ のとき　$\int_C (z-z_0)^n dz = ir^{n+1} \int_0^{2\pi} e^{i(n+1)\theta} d\theta = 0$

 複素関数の積分は線積分

(1) 複素関数の積分（複素積分）

$\displaystyle\lim_{\substack{n\to\infty \\ \Delta z_i \to 0}} \sum_{i=1}^n f(z_i) \Delta z_i$ の極限値を複素関数 $f(z)$ の始点 α から終点 β に向かう曲線 C に沿った積分といい、$\int_C f(z)dz$ と書く。

つまり、

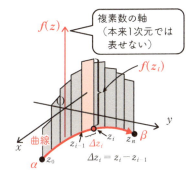

複素平面（z 平面）

$$\int_C f(z)dz = \lim_{\substack{n\to\infty \\ \Delta z_i \to 0}} \sum_{i=1}^n f(z_i) \Delta z_i$$

ただし、複素平面（z 平面）上の曲線 C を n 分割したときの i 番目の弧の端点を表わす複素数を z_i、$\Delta z_i = z_i - z_{i-1}$ とする。

（注）上図は関数値 $f(z)$（複素数だから2次元）を縦軸（1次元）に表示した $\displaystyle\sum_{i=1}^n f(z_i)\Delta z_i$ の仮想のイメージ図である。

(2) 積分路 C がパラメータ表示された場合の複素積分の計算

始点 α から終点 β に向かう曲線 C がパラメータ t を用いて次のように表現されているとする。

　　$x = x(t)$、$y = y(t)$　$(a \leqq t \leqq b)$

このとき、複素関数

$f(z) = f(x+yi)$
　　　$= u(x, y) + iv(x, y)$

を曲線 C に沿って積分した $\int_C f(z)dz$ は次の計算で得られる。

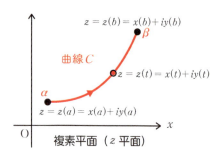

$$\int_C f(z)dz = \int_a^b \left\{ u(x(t), y(t))\frac{dx}{dt} - v(x(t), y(t))\frac{dy}{dt} \right\}dt$$
$$+ i\int_a^b \left\{ u(x(t), y(t))\frac{dy}{dt} + v(x(t), y(t))\frac{dx}{dt} \right\}dt$$

（注）この式は $\int_C f(z)dz = \int_C \{u(x, y) + iv(x, y)\}(dx + idy)$ において
$x = x(t)$、$y = y(t)$　$(a \leqq t \leqq b)$ と置換したと考えればすぐに得られる。

(3) $\int_C (z-z_0)^n dz$ について

積分路 C が点 z_0 を中心とする半径 r の円を点 z_0 を左側に見て一周するとき、

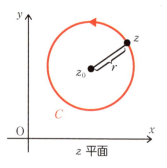

$n = -1$ のとき　$\int_C (z-z_0)^n dz = 2\pi i$

$n \neq -1$ のとき　$\int_C (z-z_0)^n dz = 0$

ただし、n は整数

(3) は覚えておくと今後の複素解析の学習がスムーズになる

（注）コーシーの積分定理（§5-5）により、(3) は積分経路が円に限らず点 z_0 が内側にある任意の閉曲線のときにも成立することがわかる。

5-3 複素積分の基本計算

複素関数の積分(複素積分)は実関数の積分に帰着(前節)するので、実関数の積分と同じような計算が可能である。ここでは、この可能な計算についてまとめておくことにしよう。

●積分路は分割することができる

実関数 $f(x)$ の積分と同じように、複素関数の積分の場合でも、積分区間を分割することができる。

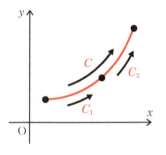

$$\int_C f(z)dz = \int_{C_1} f(z)dz + \int_{C_2} f(z)dz \quad \cdots\cdots ①$$

(積分路 C を2つに分けた積分路を各々 C_1、C_2 とする)

①の計算が可能な理由は複素積分が $\int_C f(z)dz = \lim_{\substack{n \to \infty \\ \Delta z_i \to 0}} \sum_{i=1}^{n} f(z_i) \Delta z_i$ によって定義され、和(Σ)に関しては分割が可能だからである。

●積分路の向きを変えると符号が変わる

実関数 $f(x)$ の場合と同じように、複素関数の積分の場合でも、積分の向きが変わると積分の符号が変わる。

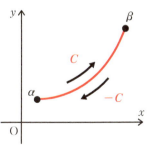

$$\int_C f(z)dz = -\int_{-C} f(z)dz \quad \cdots\cdots ②$$

ただし、記号 $-C$ は曲線 C とは逆向きの曲線を意味する。

②の成立理由を調べてみよう。

積分路 C を辿る場合と、積分路 $-C$ を辿る場合では積分の向きが逆になる。したがって、複素積分の定義式（§5−2）$\lim_{n \to \infty} \sum_{i=1}^{n} f(z_i) \Delta z_i$ における Δz_i は積分路 C を辿るときと、積分路 $-C$ を辿るときとでは隣り合う2点の複素数を引く順が逆になる。そのため $\int_C f(z)dz$ と $\int_{-C} f(z)dz$ は符号が逆になるのである。

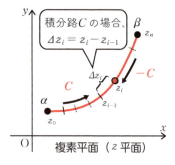

複素平面（z 平面）

Note 実関数と変わらない複素関数の積分公式

以下に、よく使われる積分の基本計算をまとめておこう。

(1) $\int_C kf(z)dz = k\int_C f(z)dz$　ただし k は複素定数

(2) $\int_C \{f(z) \pm g(z)\}dz = \int_C f(z)dz \pm \int_C g(z)dz$　複号同順

(3) $\int_C f(z)dz = \int_{C_1} f(z)dz + \int_{C_2} f(z)dz$

ただし積分路 C を2つに分けた積分路を各々 C_1、C_2 とする。

(4) $\int_C f(z)dz = -\int_{-C} f(z)dz$

(5) $\left|\int_C f(z)dz\right| \leq ML$　ただし $|f(z)| \leq M$、$L=$ 積分路 C の長さ

（注）(5) は ML 不等式と呼ばれている（証明は付録9参照）。

5-4 閉曲線と領域

実関数 $y = f(x)$ の場合、変数 x がとる値の範囲を**区間**といい、両端が入れば**閉区間**、入らなければ**開区間**といい、それぞれ記号 $[a, b]$、(a, b) で表わした。複素関数 $w = f(z)$ の場合、変数 z の変化する値の範囲は複素平面の一部である。すると、区間に相当する用語はどうなるのだろうか。

● 開曲線と閉曲線

関数において、変数がどの範囲を変化するのかは大事である。考える範囲が定まるからである。複素関数の場合、変数 z がとる範囲は複素平面上の曲線、または、曲線によって囲まれたある範囲であることが多い。そこで、まずは曲線そのものについて調べてみよう。

開曲線とは右図のように閉じていない曲線である。これに対して、**閉曲線**とは下図のように閉じている曲線で、単一閉曲線と非単一閉曲線に分類される。

開曲線

単一閉曲線

非単一閉曲線

● 領域について

閉曲線で囲まれた内部の点の集合を**領域**という。領域 D 内の中がくり抜かれるかどうかで、下図のように、単連結領域、2重連結領域、3重連結領域……、などに分類される。なお、単連結領域以外を多重連結領域という。ここで注意したいことがある。それは「領域は境界を含めない」ということである。

単連結領域　　　　2重連結領域　　　　3重連結領域

ここで、単連結領域 D の場合は、この領域 D 内の任意の閉曲線は領域 D 内の点だけを含むことになる。しかし、多重連結領域では、この中の閉曲線によっては、領域 D 以外の点を内側に含むことがある。

単連結領域　　　　2重連結領域　　　　3重連結領域

 閉曲線と領域

単に曲線、領域といってもいろいろな形状が考えられる。ここに掲載した図で理解しておこう。なお、領域は境界を含めない。

5-5 コーシーの積分定理

実関数 $f(x)$ の積分においては、
$$\int_a^b f(x)dx + \int_b^a f(x)dx = 0$$
である。つまり、行って戻って積分すればその和は0である。それでは、積分路を閉曲線にとり、そこをグルっと一回りした複素関数 $f(z)$ の積分はどうなるだろうか。

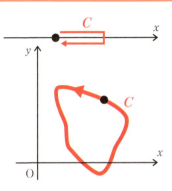

もちろん、複素関数の場合でも、同じ積分路を行って戻って積分すればその和は0である。つまり、

$$\int_C f(z)dz + \int_{-C} f(z)dz = 0$$

しかし、ここで問題としているのはあくまでも**閉曲線を一周する積分**である。

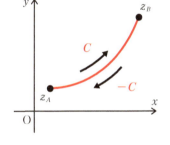

結論からいうと、「複素関数 $f(z)$ が単連結領域 D で正則であれば、D 内の任意の単一閉曲線 C に対して $\int_C f(z)dz = 0$」が成立する。これを「**コーシーの積分定理**」という。

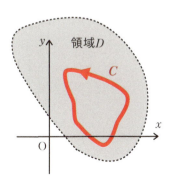

●「コーシーの積分定理」の成立理由

複素数 z を $z = x + yi$ と書けば、複素関数 $f(z)$ は実部と虚部に分けて
$$f(z) = u(x, y) + iv(x, y)$$
と書ける。すると、$dz = dx + idy$ より

$$\int_C f(z)dz = \int_C \{u(x, y) + iv(x, y)\}(dx + idy)$$
$$= \int_C \{u(x, y)dx - v(x, y)dy\} + i\int_C \{u(x, y)dy + v(x, y)dx\} \quad \cdots\cdots ①$$

この式に次のグリーンの定理(証明は「付録7」参照)を使うことにする。

$$\int_C \{P(x, y)dx + Q(x, y)dy\} = \iint_D \left(\frac{\partial Q}{\partial x} - \frac{\partial P}{\partial y}\right)dxdy \quad \cdots\cdots ②$$

(グリーンの定理)

これは実関数に関する定理で、「閉曲線 C に沿って
$$P(x, y)dx + Q(x, y)dy$$
を線積分したものは、C に囲まれた領域 D で、$\frac{\partial Q}{\partial x} - \frac{\partial P}{\partial y}$ を2重積分(「付録8」)したものに等しい」という定理である。

②を①にあてはめてみよう。すると、次の③、④式を得る。

$$\int_C \{u(x, y)dx - v(x, y)dy\} = \iint_D \left(-\frac{\partial v}{\partial x} - \frac{\partial u}{\partial y}\right)dxdy \quad \cdots\cdots ③$$
(これは、②において $P(x, y) = u(x, y)$、$Q(x, y) = -v(x, y)$ とみなした)

$$\int_C \{u(x, y)dy + v(x, y)dx\} = \iint_D \left(\frac{\partial u}{\partial x} - \frac{\partial v}{\partial y}\right)dxdy \quad \cdots\cdots ④$$
(これは、②において $P(x, y) = v(x, y)$、$Q(x, y) = u(x, y)$ とみなした)

①、③、④より

$$\int_C f(z)dz = \iint_D \left(-\frac{\partial v}{\partial x} - \frac{\partial u}{\partial y}\right)dxdy$$
$$+ i\iint_D \left(\frac{\partial u}{\partial x} - \frac{\partial v}{\partial y}\right)dxdy \quad \cdots\cdots ⑤$$

ここで、$f(z) = u(x, y) + iv(x, y)$ は正則だから、コーシー・リーマン

の方程式 $\dfrac{\partial u}{\partial x} = \dfrac{\partial v}{\partial y}$ ……⑥ 、 $\dfrac{\partial u}{\partial y} = -\dfrac{\partial v}{\partial x}$ ……⑦ を満たす。

⑤の右辺の被積分関数に着目すると、

⑦より $-\dfrac{\partial v}{\partial x} - \dfrac{\partial u}{\partial y} = \dfrac{\partial u}{\partial y} - \dfrac{\partial u}{\partial y} = 0$

⑥より $\dfrac{\partial u}{\partial x} - \dfrac{\partial v}{\partial y} = \dfrac{\partial v}{\partial y} - \dfrac{\partial v}{\partial y} = 0$

すると⑤は $\displaystyle\int_C f(z)dz = \iint_D 0\,dxdy + i\iint_D 0\,dxdy = 0$

よって、コーシーの積分定理が証明されたことになる。

〔例〕次の関数 $f(z)$ について $\displaystyle\int_C f(z)dz$ を求めてみよう。ただし、積分路 C は右下図のように原点中心、半径 1 の円とする。

(1) $f(z) = z^n$ (n は自然数)

(2) $f(z) = \dfrac{1}{z}$

(3) $f(z) = \dfrac{1}{z^2}$

(4) $f(z) = \dfrac{1}{z^2+4}$

(5) $f(z) = e^z$

(6) $f(z) = \dfrac{1}{\cos z}$

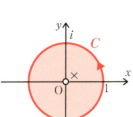

(2)(3) の図

(**1の解**) n が自然数のとき $f(z) = z^n$ は z 平面全体で正則。よって、求める積分の値はコーシーの積分定理より 0 である。

(**2の解**) $f(z) = \dfrac{1}{z}$ は積分路 C の内部 $z = 0$ で正則でない。したがって、コーシ

ーの積分定理は使えない。§5-2 の Note の (3) より $2\pi i$ となる。

(3 の解) $f(z) = \dfrac{1}{z^2}$ は積分路 C の内部 $z = 0$ で正則でない。したがって、コーシーの積分定理は使えない。§5-2 の Note の (3) より 0 となる。

(4 の解)

$$f(z) = \frac{1}{z^2 + 4} = \frac{1}{(z + 2i)(z - 2i)}$$

は $z = \pm 2i$ で正則でないが、これらは積分路 C の外部である。つまり、積分路 C の内部では正則なので、求める積分の値はコーシーの積分定理より 0 である。

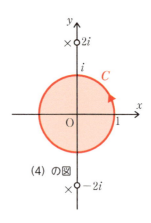

(4) の図

(5 の解) $f(z) = e^z$ は z 平面全体で正則。当然、積分路 C の内部では正則である。よって、求める積分の値はコーシーの積分定理より 0 である。

(6 の解) $f(z) = \dfrac{1}{\cos z}$ は

$$z = \pm \frac{\pi}{2},\ \pm \frac{3\pi}{2},\ \cdots$$

で正則でないが、これらは積分路 C の外部である。つまり、$f(z) = \dfrac{1}{\cos z}$ は積分路 C の内部では正則なので、求める積分の値はコーシーの積分定理より 0 である。

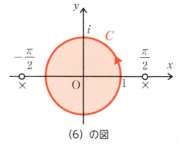

(6) の図

● **周回積分**

積分路を閉曲線にとり、そこをグルッと一回りした複素関数の積分は**周回積分**と呼ばれる。また、周回積分のことを

$$\oint_C f(z) dz$$

と書くことがある。周回積分は始点と終点が一致しているが必ずしも0にならない。なお、周回積分では閉じた曲線の向きは時計の回転と逆の向きを正の向きとする。

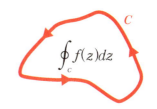

最も重要な「コーシーの積分定理」

「複素関数が領域 D で**正則**であれば、D 内の任意の単一閉曲線 C に対して $\oint_C f(z)dz = 0$ である。」

これを**コーシーの積分定理**という。

なお、この定理は次のように言い換えることができる。

「閉曲線 C とそれが囲む領域 D において複素関数が**正則**であれば、$\oint_C f(z)dz = 0$ である。」

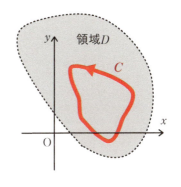

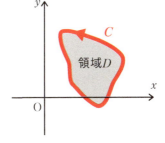

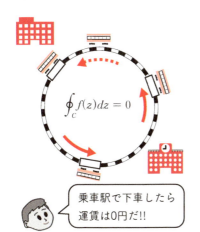

もう一歩進んで オイラーやコーシーはいつ頃の人？

複素関数の創始者オイラーやコーシーは今から200年も前の人である。

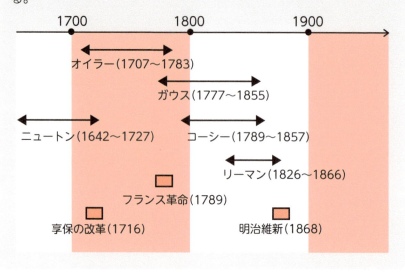

5-6 積分路の変更

領域 D 上に α を始点とし、β を終点とする 2 つの有向曲線 C_1 と C_2 がある。このとき、領域 D で正則な関数 $f(z)$ について $\displaystyle\int_{C_1} f(z)dz$ と $\displaystyle\int_{C_2} f(z)dz$ はどういう関係にあるのだろうか。

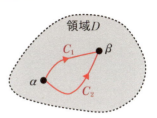

● 積分路は変えられる

この疑問には「コーシーの積分定理」が答えてくれる。つまり、C_1 と向きが逆である $-C_1$ という積分路と C_2 を合わせた積分路で関数 $f(z)$ を積分してみる。このとき、$-C_1 + C_2$ は単一領域 D 内の単一閉曲線になるので、「コーシーの積分定理」より、

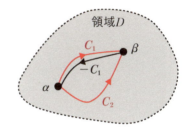

$$\int_{-C_1+C_2} f(z)dz = 0 \quad \cdots\cdots ①$$

（注）2 つの積分路 L_1 と L_2 に対して、L_1 の終点と L_2 の始点を結びつけた積分路を $L_1 + L_2$ と書く。

ここで、$\displaystyle\int_{-C_1+C_2} f(z)dz = \int_{-C_1} f(z)dz + \int_{C_2} f(z)dz = -\int_{C_1} f(z)dz + \int_{C_2} f(z)dz$

これと①より $\displaystyle\int_{C_1} f(z)dz = \int_{C_2} f(z)dz \quad \cdots\cdots ②$ が成立する。

つまり、単連結領域で正則な関数を積分するときは、積分路をこの領域で任意に変更することができる。

●積分路が交差したら

2つの積分路C_1とC_2が交差しても②は成り立つのだろうか（右図）。

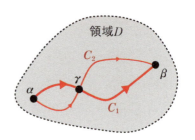

右下図のように交差点γを境として積分路C_1をC_{1A}とC_{1B}に分割し、積分路C_2をC_{2A}とC_{2B}に分割すると、コーシーの積分定理より

$$\int_{-C_{1A}+C_{2A}} f(z)dz = \int_{-C_{1A}} f(z)dz + \int_{C_{2A}} f(z)dz$$
$$= -\int_{C_{1A}} f(z)dz + \int_{C_{2A}} f(z)dz = 0$$

ゆえに、

$$\int_{C_{1A}} f(z)dz = \int_{C_{2A}} f(z)dz \quad \cdots\cdots ③$$

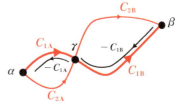

同様にして、

$$\int_{-C_{1B}+C_{2B}} f(z)dz = 0 \text{ より}$$

$$\int_{C_{1B}} f(z)dz = \int_{C_{2B}} f(z)dz \quad \cdots\cdots ④$$

（注）③、④は前ページの②からもすぐに導ける。

③、④を辺々加えると

$$\int_{C_{1A}} f(z)dz + \int_{C_{1B}} f(z)dz = \int_{C_{2A}} f(z)dz + \int_{C_{2B}} f(z)dz$$

ゆえに、 $\int_{C_1} f(z)dz = \int_{C_2} f(z)dz$

よって、2つの積分路C_1とC_2が交差していても積分結果は同じであることがわかる。交差点が2つ以上あっても、同様に考えれば、このことは成立する。

〔例〕

関数 $f(z) = z^2$ は複素平面全体で正則な関数である。したがって次の3つの積分においては積分路は異なるが、いずれの場合も積分路の始点は 0 で終点は $1+i$ なので積分した値は同じ値となる。

(1) 積分路 C_1 は点 0 と点 $1+i$ を結ぶ直線 $x = t$、$y = t$ $(0 \leq t \leq 1)$
(2) 積分路 C_2 は点 0 と点 $1+i$ を結ぶ放物線 $x = t$、$y = t^2$ $(0 \leq t \leq 1)$
(3) 積分路 C_3 は点 0 と点 $\frac{i}{2}$、点 $\frac{i}{2}$ と $1+\frac{i}{2}$、点 $1+\frac{i}{2}$ と $1+i$ を結ぶ折れ線

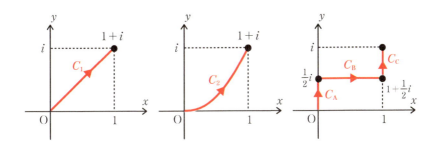

したがって、これらの積分の値を求めるには、どれか 1 つを求めればよい。例えば、(1) の場合の積分計算は次のようになる。

複素関数 $f(z) = u(x, y) + iv(x, y)$ を積分路 C に沿って積分する式は x、y がパラメータ t を用いて表示されたとき、

$$\int_C f(z)dz = \int_a^b \left\{ u(x(t), y(t))\frac{dx}{dt} - v(x(t), y(t))\frac{dy}{dt} \right\} dt$$
$$+ i\int_a^b \left\{ u(x(t), y(t))\frac{dy}{dt} + v(x(t), y(t))\frac{dx}{dt} \right\} dt \quad \cdots\cdots ⑤$$

となる（§5−2）。

関数 $f(z) = z^2$ は、複素変数 z を $z = x + yi$ で書き換えれば、

$$f(z) = z^2 = x^2 - y^2 + 2xyi$$

となる。したがって、$u(x, y) = x^2 - y^2$、$v(x, y) = 2xy$ となる。

$x = t$、$y = t$ $(0 \leq t \leq 1)$ より

$\dfrac{dx}{dt}=1$、$\dfrac{dy}{dt}=1$　よって、⑤より、

$$\int_C f(z)dz = \int_0^1 \{(t^2-t^2)\times 1 - 2t^2\times 1\}dt + i\int_0^1\{(t^2-t^2)\times 1 + 2t^2\times 1\}dt$$

$$= -\int_0^1 2t^2\,dt + i\int_0^1 2t^2\,dt = -\dfrac{2}{3} + \dfrac{2}{3}i$$

 積分路は変えられる

単連結領域 D 内の任意の 2 点 α、β を結ぶ積分路を C_1 と C_2 とする。このとき、**関数 $f(z)$ が D で正則であれば**

$$\int_{C_1} f(z)dz = \int_{C_2} f(z)dz$$

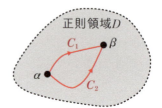

である。つまり、積分路によらず積分の値は同じである。このことは、積分路が交差していても成立する。

正則電車なら
どの路線でも運賃は
同じということか。
これは正則関数ならでは
の性質だ!!

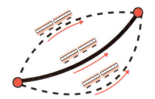

5-7 多重連結領域と周回積分

「コーシーの積分定理」によると、単連結領域で正則な関数の単一閉曲線Cに沿った周回積分は0である。それでは、閉曲線Cの内部に関数$f(z)$の特異点（正則でない点）がある場合には積分計算はどうなるのだろうか。当然、「コーシーの積分定理」は使えない。

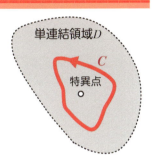

●周回積分の積分路は変えられる

領域内に特異点がある場合は「コーシーの積分定理」は使えないので、条件を少し変えてみよう。つまり、閉曲線Cの内部に新たな閉曲線C_1をとり、特異点はその内側に入っているものとする。関数$f(z)$は2つの閉曲線CとC_1で囲まれた領域D_1と閉曲線C、C_1上で正則とする。なお、積分の向きはともに反時計回りとする。すると、このとき、

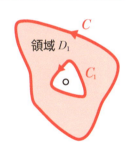

$$\oint_C f(z)dz = \oint_{C_1} f(z)dz$$

が成り立つことになる。これはすごくありがたい性質である。なぜならば、C_1を適当にとると$\oint_C f(z)dz$より$\oint_{C_1} f(z)dz$の計算の方が簡単になる可能性があるからである。

（注）C_1の内部に特異点がなければ$\int_C f(z)dz = \int_{C_1} f(z)dz = 0$である。

● $\oint_C f(z)dz = \oint_{C_1} f(z)dz$ の成立理由

閉曲線 C と C_1 で囲まれた領域 D_1 を上下 2 つの領域 $D_{1上}$ と $D_{1下}$ に 2 分割し、分割した部分に新たな積分路 C_2、C_3 を設定する（下図）。すると、上下各々の領域と領域を囲む閉曲線上で $f(z)$ は正則となり「コーシーの積分定理」が使えるようになる。なお、記号 $C_{1上}$、$C_{1下}$ は積分路 C_1 の上側部分と下側部分を表わし、記号 $-C_{1上}$ は積分路 $C_{1上}$ とは逆の積分路を辿るものとする。

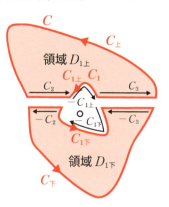

(1) 単連結領域 $D_{1上}$ を囲む単一閉曲線 $C_上 + C_2 - C_{1上} + C_3$ に着目

このとき「コーシーの積分定理」により次の式が成立する。

$$\oint_{C_上+C_2-C_{1上}+C_3} f(z)dz$$
$$= \int_{C_上} f(z)dz + \int_{C_2} f(z)dz + \int_{-C_{1上}} f(z)dz + \int_{C_3} f(z)dz$$
$$= \int_{C_上} f(z)dz + \int_{C_2} f(z)dz - \int_{C_{1上}} f(z)dz + \int_{C_3} f(z)dz = 0 \quad \cdots\cdots ①$$

(2) 単連結領域 $D_{1下}$ を囲む単一閉曲線 $C_下 - C_3 - C_{1下} - C_2$ に着目

このときも、(1) と同様にして次の式を得る。

$$\int_{C_下} f(z)dz - \int_{C_3} f(z)dz - \int_{C_{1下}} f(z)dz - \int_{C_2} f(z)dz = 0 \quad \cdots\cdots ②$$

①、②を辺々加えると、

$$\int_{C_上} f(z)dz + \int_{C_2} f(z)dz - \int_{C_{1上}} f(z)dz + \int_{C_3} f(z)dz$$
$$+ \int_{C_下} f(z)dz - \int_{C_3} f(z)dz - \int_{C_{1下}} f(z)dz - \int_{C_2} f(z)dz = 0$$

整理すると

$$\int_{C_\text{上}} f(z)dz + \int_{C_\text{下}} f(z)dz - \int_{C_{1\text{上}}} f(z)dz - \int_{C_{1\text{下}}} f(z)dz = 0$$

ゆえに、$\displaystyle \int_{C_\text{上}+C_\text{下}} f(z)dz - \int_{C_{1\text{上}}+C_{1\text{下}}} f(z)dz = 0$

よって $\displaystyle \oint_C f(z)dz = \oint_{C_1} f(z)dz$ ……③

（注）③式は閉曲線 C_1 の内部に $f(z)$ の特異点の有無にかかわらず成立する。

● 多重連結領域での周回積分

周回積分では先の③式を一般化した次の式が成立する。

$$\oint_C f(z)dz = \oint_{C_1} f(z)dz + \oint_{C_2} f(z)dz + \oint_{C_3} f(z)dz + \cdots + \oint_{C_n} f(z)dz$$

……④

ただし、単一閉曲線 C の内部に、お互いに交差しない単一閉曲線 C_1、C_2、C_3、…、C_n があり、C と C_1、C_2、C_3、…、C_n によって囲まれた多重連結領域と各閉曲線上で $f(z)$ は正則であるとする。

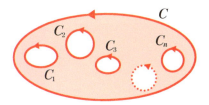

④の成立は先の二重連結領域の場合と同様に新たな積分路を設定して2つの単連結領域に分割して「コーシーの積分定理」を使えば説明がつく。

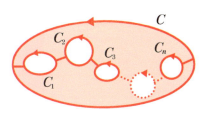

〔例〕 $f(z) = \dfrac{2z}{z^2+4}$ を積分路 C が次の場合に積分してみよう。

(1) 積分路 C は原点中心、半径1の円。

(2) 積分路 C は原点中心、半径 3 の円
(3) 積分路 C は点 $2i$ 中心、半径 2 の円

(解) 関数 $f(z)$ は次のように部分分数に分解できる。

関数 $f(z) = \dfrac{2z}{z^2+4} = \dfrac{1}{z+2i} + \dfrac{1}{z-2i} = (z+2i)^{-1} + (z-2i)^{-1}$

このため、まず、次のことを復習しておこう（§5-2）。積分路 C が点 z_0 を中心とする半径 r の円のとき、整数 n に対して、

$n = -1$ のとき　$\oint_C (z-z_0)^n dz = 2\pi i$

$n \neq -1$ のとき　$\oint_C (z-z_0)^n dz = 0$

(1について)

$f(z) = \dfrac{2z}{z^2+4}$ の特異点は $\pm 2i$ で、これらは積分路 C（原点中心、半径 1 の円）の外である。つまり、C とその内側で $f(z)$ は正則なので、「コーシーの積分定理」より

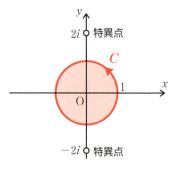

$\oint_C f(z) dz = 0$ である。

(2について)

$f(z) = \dfrac{2z}{z^2+4}$ の特異点は $\pm 2i$ で、これらは積分路 C（原点中心、半径 3 の円）の内部である。そこで、$\pm 2i$ を中心とし、半径、例えば $\dfrac{1}{2}$ の円 C_1、C_2 の小円を新たな積分路にとる。このとき、

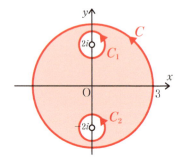

$$\oint_{C_1} f(z)dz = \oint_{C_1} \frac{2z}{z^2+4}dz = \oint_{C_1} \left\{ \frac{1}{z+2i} + \frac{1}{z-2i} \right\}dz$$

$$= \oint_{C_1} \frac{1}{z+2i}dz + \oint_{C_1} \frac{1}{z-2i}dz$$

$$= 0 + 2\pi i = 2\pi i \quad \cdots\cdots \quad C_1 \text{内で} \frac{1}{z+2i} \text{は正則}$$

$$\oint_{C_2} f(z)dz = \oint_{C_2} \frac{2z}{z^2+4}dz = \oint_{C_2} \left\{ \frac{1}{z+2i} + \frac{1}{z-2i} \right\}dz$$

$$= \oint_{C_2} \frac{1}{z+2i}dz + \oint_{C_2} \frac{1}{z-2i}dz$$

$$= 2\pi i + 0 = 2\pi \quad \cdots\cdots \quad C_2 \text{内で} \frac{1}{z-2i} \text{は正則}$$

ゆえに、
$$\oint_C f(z)dz = \oint_{C_1} f(z)dz + \oint_{C_2} f(z)dz = 2\pi i + 2\pi i = 4\pi i$$

(3について)

$f(z) = \dfrac{2z}{z^2+4}$ の特異点は $\pm 2i$ で、このうち $2i$ は積分路 C（点 $2i$ 中心、半径 2 の円）の内部である。

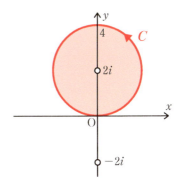

よって、
$$\oint_C f(z)dz = \oint_C \frac{2z}{z^2+4}dz = \oint_C \left\{ \frac{1}{z+2i} + \frac{1}{z-2i} \right\}dz$$

$$= \oint_C \frac{1}{z+2i}dz + \oint_C \frac{1}{z-2i}dz$$

$$= 0 + 2\pi i = 2\pi i \cdots\cdots \quad C \text{内で} \frac{1}{z+2i} \text{は正則}$$

ゆえに $\oint_C f(z)dz = 2\pi i$

Note 多重連結領域と周回積分の関係

単一閉曲線 C の内部にお互いに交差しない単一閉曲線 C_1、C_2、C_3、…、C_n があり、C と C_1、C_2、C_3、…、C_n によって囲まれた多重連結領域と各閉曲線上で $f(z)$ は正則であるとする。このとき次の式が成立する。

多重連結領域と曲線上で $f(z)$ は正則

$$\oint_C f(z)dz = \oint_{C_1} f(z)dz + \oint_{C_2} f(z)dz + \oint_{C_3} f(z)dz + \cdots + \oint_{C_n} f(z)dz$$

正則電車なら大きく回っても小さく回っても運賃は同じということ

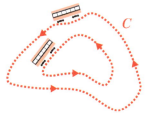

不定積分を用いた定積分の計算

実関数の積分では次の計算が可能である。

$F'(x) = f(x)$ とするとき、$\int_a^b f(x)dx = [F(x)]_a^b = F(b) - F(a)$

それでは複素関数でも同様な計算ができるのだろうか。

●正則関数の積分は始点と終点のみで決まる

$f(z)$ が複素平面全体で正則であれば始点を α、終点を β とする積分路 C にそった複素積分 $\int_C f(z)dz$ の値は積分路 C によらない。

つまり、複素積分 $\int_C f(z)dz$ の値は始点 α と終点 β によって決まる。そこで、このときの $\int_C f(z)dz$ を $\int_\alpha^\beta f(z)dz$ と書くことにする。

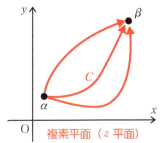
複素平面（z 平面）

●不定積分を用いた積分計算

複素関数 $f(z)$ に対して、$\dfrac{d}{dz}F(z) = f(z)$ となる関数 $F(z)$ を $f(z)$ の**不定積分**といい、$F(z) = \int f(z)dz$ と書く。これは、実関数の場合と同じである。正則な関数 $f(z)$ の始点 α、終点 β とする積分路 C に沿った複素積分 $\int_C f(z)dz = \int_\alpha^\beta f(z)dz$ は $f(z)$ の不定積分を用いて次のように積分計算ができる。

$$\int_\alpha^\beta f(z)dz = [F(z)]_\alpha^\beta = F(\beta) - F(\alpha) \quad \cdots\cdots ①$$

以下に①の成立理由の概略を示しておこう。

条件より複素関数 $F(z)$ は微分可能で $\dfrac{d}{dz}F(z) = f(z)$ である。ここで曲線 C を n 分割し、各弧の境界点に $z_0 = \alpha$、z_1、z_2、$\cdots$、z_{j-1}、z_j、$\cdots$、

$z_n = \beta$ と名前を付け、$\Delta F(z_i) = F(z_i) - F(z_{i-1})$、$\Delta z_i = z_i - z_{i-1}$ とする。

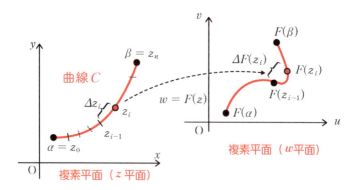

このとき、
$$\sum_{j=1}^{n} \frac{\Delta F(z_j)}{\Delta z_j} \Delta z_j = \sum_{j=1}^{n} \Delta F(z_j) = \{F(z_1) - F(z_0)\} + \{F(z_2) - F(z_1)\}$$
$$+ \{F(z_3) - F(z_2)\} + \cdots + \{F(z_n) - F(z_{n-1})\}$$
$$= F(z_n) - F(z_0)$$
$$= F(\beta) - F(\alpha)$$

つまり、$\sum_{j=1}^{n} \frac{\Delta F(z_j)}{\Delta z_j} \Delta z_j = F(\beta) - F(\alpha)$ ……②

ゆえに、$\lim_{\substack{n \to \infty \\ \Delta z_j \to 0}} \sum_{j=1}^{n} \frac{\Delta F(z_j)}{\Delta z_j} \Delta z_j = F(\beta) - F(\alpha)$ ……③

積分の定義(§5-2)より、$\lim_{\substack{n \to \infty \\ \Delta z_j \to 0}} \sum_{j=1}^{n} \frac{\Delta F(z_j)}{\Delta z_j} \Delta z_j = \int_{\alpha}^{\beta} \frac{dF(z)}{dz} dz$ ……④

③、④より、$\int_{\alpha}^{\beta} \frac{dF(z)}{dz} dz = F(\beta) - F(\alpha)$ ……⑤

また、$\frac{dF(z)}{dz} = f(z)$ より $\int_{\alpha}^{\beta} \frac{dF(z)}{dz} dz = \int_{\alpha}^{\beta} f(z) dz$ ……⑥

⑤、⑥より、$\int_{\alpha}^{\beta} f(z) dz = F(\beta) - F(\alpha)$ となり①を得る。

この①により、定積分 $\int_{\alpha}^{\beta} f(z) dz$ の計算は $f(z)$ の不定積分が求められれば、無限の和の計算をしなくてもすむことになる。

〔例〕

(1) $\int_1^{-1} z^2 dz = \left[\frac{1}{3}z^3\right]_1^{-1} = \frac{1}{3}(-1)^3 - \frac{1}{3}\times 1^3 = -\frac{2}{3}$

（注）§5-2 の例 1 参照。

(2) $\int_0^i z^2 dz = \left[\frac{1}{3}z^3\right]_0^i = \frac{1}{3}i^3 - \frac{1}{3}\times 0^3 = -\frac{i}{3}$

(3) $\int_0^\pi \cos z dz = [\sin z]_0^\pi = \sin\pi - \sin 0 = 0 - 0 = 0$

(4) $\int_0^{1+i} \cos z dz = [\sin z]_0^{1+i} = \sin(1+i) - \sin 0$

$= \dfrac{e^{i(1+i)} - e^{-i(1+i)}}{2i} - 0 = \dfrac{e^{-1}e^i - ee^{-i}}{2i}$

$= \dfrac{1}{2}\left\{\left(\dfrac{1}{e}+e\right)\sin 1 - i\left(\dfrac{1}{e}-e\right)\cos 1\right\}$

$\sin z = \dfrac{e^{iz} - e^{-iz}}{2i}$

Note 不定積分を用いた定積分の計算

関数 $f(z)$ は単一連結領域 D で正則で $\dfrac{d}{dz}F(z) = f(z)$ とする。

このとき、D の任意の 2 点 α、β に対して α を始点、β を終点とする積分 $\int_C f(z)dz$ は積分路 C によらず $F(\beta) - F(\alpha)$ となる。つまり、

正則領域 D

$\int_\Gamma f(z)dz = \int_\alpha^\beta f(z)dz = [F(z)]_\alpha^\beta = F(\beta) - F(\alpha)$ となる。

実関数の積分と同じように $\displaystyle\lim_{\substack{n\to\infty \\ \Delta z_i \to 0}} \sum_{i=1}^n f(z_i)\Delta z_i$ とか、

$\int_a^b \left\{u(x(t), y(t))\dfrac{dx}{dt} - v(x(t), y(t))\dfrac{dy}{dt}\right\}dt$

$+ i\int_a^b \left\{u(x(t), y(t))\dfrac{dy}{dt} + v(x(t), y(t))\dfrac{dx}{dt}\right\}dt$

の計算をしないで $\int_C f(z)dz$ が求められるぞ!!

5-9 コーシーの積分公式

関数 $f(z)$ の値は、z のまわりの関数値を積分すれば求められるという面白い公式がある。あたかも、「その人を知りたければ、まわりの友を見ればわかる」というように。

●関数値と周回積分

関数 $f(z)$ は単連結領域 D で正則とし、曲線 C は D 内の点 $z = z_0$ を囲む閉曲線とする。このとき、この曲線 C に沿って関数 $g(z) = \dfrac{f(z)}{z - z_0}$ を積分すると、不思議なことに関数 $f(z)$ の $z = z_0$ における値 $f(z_0)$ に $2\pi i$ を掛けた値と一致する。つまり、$\displaystyle\int_C \dfrac{f(z)}{z - z_0} dz = 2\pi i f(z_0)$ が成立する。

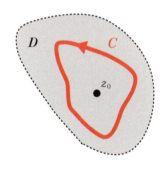

●コーシーの積分公式を導く

$f(z)$ は単連結領域 D で正則なので、$g(z) = \dfrac{f(z)}{z - z_0}$ は $z = z_0$ を除く D で正則である。したがって、点 z_0 を中心とし半径 r の円で閉曲線 C の内部にある小円を C_1 とすると、「多重連結領域と周回積分」(§5-7) によって次の式が成立する。

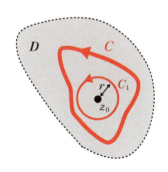

$$\oint_C \frac{f(z)}{z-z_0}dz = \oint_{C_1} \frac{f(z)}{z-z_0}dz \quad \cdots\cdots ①$$

ここで、①は領域 D に含まれる小円 C_1 の半径 r の大小にかかわらず成立する。

ここで、C_1 上の点 z はパラメータ t を用いて

$$z = z_0 + r\cos t + ir\sin t = z_0 + re^{it} \quad (0 \leqq t \leqq 2\pi)$$

と書け、$dz = ire^{it}dt$ となる。したがって、①の右辺の計算は次のようになる。

$$\oint_{C_1} \frac{f(z)}{z-z_0}dz = \int_0^{2\pi} \frac{f(z_0+re^{it})}{re^{it}} ire^{it} dt = i\int_0^{2\pi} f(z_0+re^{it})dt$$

したがって、①より $\oint_C \frac{f(z)}{z-z_0}dz = i\int_0^{2\pi} f(z_0+re^{it})dt$

これが、任意の r について成立するから r を限りなく 0 に近づけても成立する。したがって、

$$\oint_C \frac{f(z)}{z-z_0}dz = \lim_{r\to 0} i\int_0^{2\pi} f(z_0+re^{it})dt = i\int_0^{2\pi} f(z_0+0)dt = i\int_0^{2\pi} f(z_0)dt$$

$$= i[f(z_0)t]_0^{2\pi} = 2\pi i f(z_0)$$

つまり、$\oint_C \frac{f(z)}{z-z_0}dz = 2\pi i f(z_0) \quad \cdots\cdots ②$

よって、$f(z_0) = \frac{1}{2\pi i}\oint_C \frac{f(z)}{z-z_0}dz \quad \cdots\cdots ③$

ここで得られた②、または、③は**コーシーの積分公式**と呼ばれている。

②は $\frac{f(z)}{z-z_0}$ の周回積分を求めるとき、積分計算しなくても関数値 $f(z_0)$ に $2\pi i$ を掛けたものを求めるだけでよいことを意味している。これは積分計算をかなり楽にしてくれる大事な性質である。また、③は $f(z)$ の $z = z_0$ における値 $f(z_0)$ は、その点のまわりを囲む閉曲線 C に沿っての $\frac{f(z)}{z-z_0}$ の周回積分の値から決定できることを意味している。

〔例1〕 周回積分 $\displaystyle\oint_C \frac{e^z}{z-\frac{\pi}{2}i}dz$ を求めよ。
ただし、積分路は原点を中心と
する半径 2 の円とする。

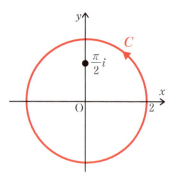

(解) $f(z)=e^z$ は z 平面のいたるところで正則な関数である。$\frac{\pi}{2}i$ は C の内部の点なので、コーシーの積分公式

$\displaystyle\int_C \frac{f(z)}{z-z_0}dz = 2\pi i f(z_0)$ において、$f(z)=e^z$、$z_0 = \frac{\pi}{2}i$ とみなすと、

$$\int_C \frac{e^z}{z-\frac{\pi}{2}i}dz = 2\pi i f\left(\frac{\pi}{2}i\right) = 2\pi i e^{\frac{\pi}{2}i}$$

$$= 2\pi i\left(\cos\frac{\pi}{2}+i\sin\frac{\pi}{2}\right) = 2\pi i i = -2\pi$$

〔例2〕 積分路が次の場合に周回積分 $\displaystyle\oint_C \frac{z}{(z-2i)(z-1)}dz$ を求めよ。

(1) 積分路 C は -1 を中心とする半径 1 の円。

(2) 積分路 C は 1 を中心とする半径 1 の円。

(3) 積分路 C は $-1+2i$ を中心とする半径 2 の円。

(4) 積分路 C は 1、$2i$ を含む閉曲線。

(解) 各々の場合について $\displaystyle\int_C \frac{f(z)}{z-z_0}dz$ に該当する正則関数 $f(z)$ を求め、コーシーの積分公式 $\displaystyle\int_C \frac{f(z)}{z-z_0}dz = 2\pi i f(z_0)$ を利用して求めることになる。

ここで、周回積分の被積分関数を $g(z)=\dfrac{z}{(z-2i)(z-1)}$ とすると、$g(z)$ は 1 と $2i$ で特異点をもち、その他では正則である。

(1) -1 を中心とする半径 1 の円 C の中に $g(z)$ の特異点は存在しない。

よって、コーシーの積分定理（コーシーの積分公式ではない）から $g(z)$ の周回積分は 0 になる。

ゆえに、$\oint_C \dfrac{z}{(z-2i)(z-1)}dz = 0$

(2) 1を中心とする半径1の円 C の中に $g(z)$ の特異点1が存在する。

そこで、$g(z) = \dfrac{\frac{z}{z-2i}}{(z-1)}$ と変形し

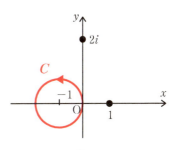

$f(z) = \dfrac{z}{z-2i}$ とすると、$g(z) = \dfrac{f(z)}{(z-1)}$ となる。このとき $f(z)$ は C および C の内部の領域で正則である。よって、コーシーの積分公式より、

$$\oint_C \dfrac{z}{(z-2i)(z-1)}dz = \oint_C \dfrac{f(z)}{z-1}dz = 2\pi i f(1)$$
$$= 2\pi i \dfrac{1}{1-2i} = \dfrac{2\pi(i-2)}{5}$$

(3) $-1+2i$ を中心とする半径2の円 C の中に $g(z)$ の特異点 $2i$ が存在する。

そこで、$g(z) = \dfrac{\frac{z}{z-1}}{(z-2i)}$ と変形し $f(z) = \dfrac{z}{z-1}$ とすると、

$$g(z) = \dfrac{f(z)}{(z-2i)}$$

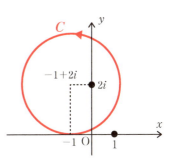

となる。このとき $f(z)$ は C および C の内部の領域で正則である。よって、コーシーの積分公式より、

$$\oint_C \dfrac{z}{(z-2i)(z-1)}dz = \oint_C \dfrac{f(z)}{z-2i}dz$$
$$= 2\pi i f(2i) = 2\pi i \dfrac{2i}{2i-1} = \dfrac{4\pi(2i+1)}{5}$$

(4) 積分路 C の内側に $g(z)$ の特異点1と $2i$ が存在する。そこで、1と $2i$

を各々中心とする小円C_1とC_2を考える。ただし、C_1とC_2は十分小さく、閉曲線の中に収まり、C_1とC_2は分離しているものとする。すると、「多重連結領域と周回積分」（§5-7）により、次の式が成立する。

$$\oint_C g(z)dz = \oint_{C_1} g(z)dz + \oint_{C_2} g(z)dz$$

（イ）$\oint_{C_1} g(z)dz$ を求める

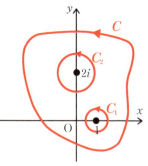

$g(z) = \dfrac{\dfrac{z}{z-2i}}{(z-1)}$ と変形し $f(z) = \dfrac{z}{z-2i}$ とすると、$g(z) = \dfrac{f(z)}{(z-1)}$ となる。このとき $f(z)$ は C_1 および C_1 の内部の領域で正則である。よって、コーシーの積分公式より、

$$\oint_{C_1} g(z)dz = \oint_{C_1} \frac{f(z)}{z-1}dz = 2\pi i f(1) = 2\pi i \frac{1}{1-2i} = \frac{2\pi(i-2)}{5}$$

（ロ）$\oint_{C_2} g(z)dz$ を求める

$g(z) = \dfrac{\dfrac{z}{z-1}}{(z-2i)}$ と変形し $f(z) = \dfrac{z}{z-1}$ とすると、$g(z) = \dfrac{f(z)}{(z-2i)}$ となる。このとき $f(z)$ は C_2 および C_2 の内部の領域で正則である。よって、コーシーの積分公式より、

$$\oint_{C_2} g(z)dz = \oint_{C_2} \frac{f(z)}{z-2i}dz = 2\pi i f(2i) = 2\pi i \frac{2i}{2i-1} = \frac{4\pi(2i+1)}{5}$$

（イ）（ロ）より、

$$\oint_C g(z)dz = \oint_{C_1} g(z)dz + \oint_{C_2} g(z)dz = \frac{2\pi(i-2)}{5} + \frac{4\pi(2i+1)}{5} = 2i\pi$$

関数値と周回積分の関係は「コーシーの積分公式」

関数は領域 D で**正則**とする。このとき、D 内の任意の点 z_0 に対し、z_0 を囲みこの領域 D に含まれる閉曲線を C とすると、

$$f(z_0) = \frac{1}{2\pi i}\int_C \frac{f(z)}{z-z_0}dz$$

が成立する。

これを、**コーシーの積分公式**という。

この式は、

$$\int_C \frac{f(z)}{z-z_0}dz = 2\pi i f(z_0)$$

として使うことも多い。

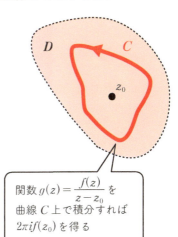

関数 $g(z) = \dfrac{f(z)}{z-z_0}$ を曲線 C 上で積分すれば $2\pi i f(z_0)$ を得る

5-10 グルサの公式

実関数 $f(x)$ から得られた導関数 $f'(x)$ は微分可能な関数とは限らない。つまり、微分可能性は導関数の微分可能性まで保証できない。ところが複素関数については正則関数の導関数は必ず正則関数になるのである。
このことを保証するのがここで扱う「グルサの公式」である。

●実関数はさらなる微分可能を保証しない

実関数 $f(x)$ から得られた導関数 $f'(x)$ は微分可能な関数とは限らない。このことを示すには反例を1つあげれば十分である。例えば次の例を考えてみる。

$$f(x) = \begin{cases} x^2 & (x \geq 0) \\ -x^2 & (x < 0) \end{cases}$$

この関数は実数全体でなめらかで微分可能であり、その導関数は次のようになる。

$$f'(x) = \begin{cases} 2x & (x \geq 0) \\ -2x & (x < 0) \end{cases}$$

つまり、$f'(x) = 2|x|$ である。この関数 $f'(x)$ はグラフ（赤色）からわかるように $x=0$ で尖っていて微分することはできないのである。

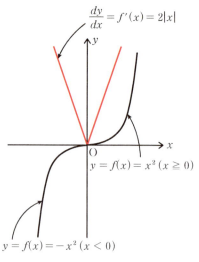

●コーシーの積分公式を用いて導関数を求める

関数が領域 D で**正則**であるとし、D 内の任意の点 z_0 に対し、z_0 を囲

み、この領域に含まれる閉曲線を C とする。
このとき、

$$f(z_0) = \frac{1}{2\pi i}\oint_C \frac{f(z)}{z-z_0}dz \quad \cdots\cdots ①$$

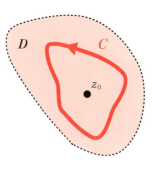

が成立する（コーシーの積分公式）。ここで、
①式の積分変数を z から s に書き換えてみよう。

$$f(z_0) = \frac{1}{2\pi i}\oint_C \frac{f(s)}{s-z_0}ds$$

これは、z_0 の関数で z_0 は D 内の任意の点だから、z_0 を z に書き換えることによって次の式が得られる。

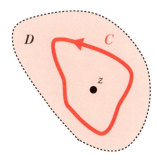

$$f(z) = \frac{1}{2\pi i}\oint_C \frac{f(s)}{s-z}ds \quad \cdots\cdots ②$$

ただし、このとき積分路 C は、z を囲み、この領域 D に含まれる閉曲線とする。

それでは、②をもとに $f(z)$ の導関数 $f'(z)$ を求めることにしよう。

まず、$f(z)$ の平均変化率は次のようになる。

$$\begin{aligned}\frac{f(z+\Delta z)-f(z)}{\Delta z} &= \frac{1}{\Delta z}\left\{\frac{1}{2\pi i}\oint_C \frac{f(s)}{s-(z+\Delta z)}ds - \frac{1}{2\pi i}\oint_C \frac{f(s)}{s-z}ds\right\} \\ &= \frac{1}{\Delta z}\frac{1}{2\pi i}\oint_C\left\{\frac{f(s)}{s-(z+\Delta z)} - \frac{f(s)}{s-z}\right\}ds \\ &= \frac{1}{\Delta z}\frac{1}{2\pi i}\oint_C\left\{\frac{f(s)\Delta z}{(s-z-\Delta z)(s-z)}\right\}ds \\ &= \frac{1}{2\pi i}\oint_C\left\{\frac{f(s)}{(s-z-\Delta z)(s-z)}\right\}ds\end{aligned}$$

ここで Δz を 0 に近づけると次のことが成立する。

$$\lim_{\Delta z \to 0} \frac{f(z+\Delta z)-f(z)}{\Delta z} = \lim_{\Delta z \to 0} \frac{1}{2\pi i} \oint_C \frac{f(s)}{(s-z-\Delta z)(s-z)} ds$$

$$= \frac{1}{2\pi i} \oint_C \frac{f(s)}{(s-z)^2} ds$$

このことは $f(z)$ の導関数が存在して、

$$f'(z) = \frac{1}{2\pi i} \oint_C \frac{f(s)}{(s-z)^2} ds \quad \cdots\cdots ③$$

であることを意味している。

次に、③をもとに $f'(z)$ の平均変化率を求めてみよう。

$$\frac{f'(z+\Delta z)-f'(z)}{\Delta z} = \frac{1}{\Delta z}\left\{\frac{1}{2\pi i}\oint_C \frac{f(s)}{\{s-(z+\Delta z)\}^2}ds - \frac{1}{2\pi i}\oint_C \frac{f(s)}{(s-z)^2}ds\right\}$$

$$= \frac{1}{\Delta z}\frac{1}{2\pi i}\oint_C \left\{\frac{f(s)}{\{s-(z+\Delta z)\}^2} - \frac{f(s)}{(s-z)^2}\right\}ds$$

$$= \frac{1}{\Delta z}\frac{1}{2\pi i}\oint_C \frac{f(s)\{2(s-z)\Delta z-(\Delta z)^2\}}{\{s-(z+\Delta z)\}^2(s-z)^2}ds$$

$$= \frac{1}{2\pi i}\oint_C \frac{f(s)\{2(s-z)-\Delta z\}}{\{s-(z+\Delta z)\}^2(s-z)^2}ds$$

よって、次のことが成立する。

$$\lim_{\Delta z \to 0}\frac{f'(z+\Delta z)-f'(z)}{\Delta z} = \lim_{\Delta z \to 0}\frac{1}{2\pi i}\oint_C \frac{f(s)\{2(s-z)-\Delta z\}}{\{s-(z+\Delta z)\}^2(s-z)^2}ds$$

$$= \frac{2\times 1}{2\pi i}\oint_C \frac{f(s)}{(s-z)^3}ds$$

これは $f'(z)$ の導関数 $f''(z)$ が存在して、

$$f''(z) = \frac{2\times 1}{2\pi i}\oint_C \frac{f(s)}{(s-z)^3}ds \quad \cdots\cdots ④$$

であることを意味している。

以上、②から③を導き、また、③から④を導いたことからわかるように、この手続きを繰り返すことによって次の公式を得ることができる。

$$f^{(n)}(z) = \frac{n!}{2\pi i} \oint_C \frac{f(s)}{(s-z)^{n+1}} ds$$

$f(z)$ の n 次導関数を求めるこの式は「**グルサの公式**」と呼ばれている。ここで、n は任意の自然数なので、**グルサの公式は領域 D で正則な関数 $f(z)$ は何回でも微分可能であることを意味している**。

なお、このグルサの公式は $f(z)$ の導関数を表わす式ではあるが、周回積分の計算でもよく使われる。

〔例1〕周回積分 $\oint_C \frac{2z}{(z+i)^2(z-1)} dz$ を求めよ。ただし、積分路 C は $-i$ を中心とする半径 1 の円とする。

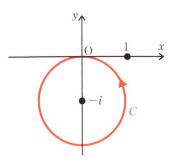

(解) 被積分関数 $\frac{2z}{(z+i)^2(z-1)}$ が正則でない点は $-i$ と 1 であるが、1 は C の外部、$-i$ は C の内部である。

したがって、$f(z) = \frac{2z}{z-1}$ とすると、$f(z)$ は C で囲まれた領域で正則である。

よって、

$$\text{グルサの公式} \quad f'(z) = \frac{1}{2\pi i} \oint_C \frac{f(s)}{(s-z)^2} ds$$

において $z = -i$ の場合を考えると次の式を得る。

$$\oint_C \frac{2z}{(z+i)^2(z-1)} dz = \oint_C \frac{f(z)}{(z+i)^2} dz = \oint_C \frac{f(s)}{(s+i)^2} ds = 2\pi i f'(-i)$$

ここで $f(z) = \frac{2z}{z-1}$ より $f'(z) = \frac{-2}{(z-1)^2}$

ゆえに、$\oint_C \frac{2z}{(z+i)^2(z-1)} dz = 2\pi i f'(-i) = 2\pi i \frac{-2}{(-i-1)^2} = -2\pi$

〔例2〕周回積分 $\oint_C \frac{\cos z}{(z-i)^3} dz$ を求めよ。ただし、積分路は i を中心とする半径 1 の円とする。

（解）$f(z) = \cos z$ とすると

$$\oint_C \frac{\cos z}{(z-i)^3} dz = \oint_C \frac{f(z)}{(z-i)^3} dz$$
$$= \oint_C \frac{f(s)}{(s-i)^3} ds$$

これと、$n=2$ のときのグルサの公式
$f''(z) = \frac{2!}{2\pi i} \oint_C \frac{f(s)}{(s-z)^3} ds$ と対比させる
と $\oint_C \frac{\cos z}{(z-i)^3} dz = \frac{2\pi i}{2!} f''(i)$ となる。

ここで $f(z) = \cos z$ より $f''(z) = -\cos z$

ゆえに、

$$\oint_C \frac{\cos z}{(z-i)^3} dz = \frac{2\pi i}{2!}(-\cos i) = -\pi i \times \frac{e^{i^2} + e^{-i^2}}{2} = -\frac{1}{2}\left(\frac{1}{e} + e\right)\pi i$$

---

n 次導関数の存在を保証するグルサの公式

関数 $f(z)$ は領域 D で**正則**とする。

このとき、関数 $f(z)$ の n 次導関数が存在して、

$$f^{(n)}(z) = \frac{n!}{2\pi i} \oint_C \frac{f(s)}{(s-z)^{n+1}} ds$$

となる。ただし、積分路 C は z を囲み、この領域 D に含まれる閉曲線とする。

これを「**グルサの公式**」という。

正則関数は何回でも微分できるのだ!!

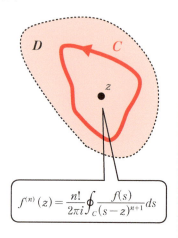

$$f^{(n)}(z) = \frac{n!}{2\pi i} \oint_C \frac{f(s)}{(s-z)^{n+1}} ds$$

第6章

複素関数の級数展開

正則関数 は必ず、
$$a_0+a_1(z-z_0)+a_2(z-z_0)^2+\cdots+a_n(z-z_0)^n+\cdots\cdots$$
のようにベキ乗の無限の和（級数）の形に表わされる。これが正則関数の正体だ。係数 $a_i\,(i=0,\,1,\,2,\,\cdots)$ によって e^z、$\cos z$、$\sin z$、…などの個々の関数が決まる。

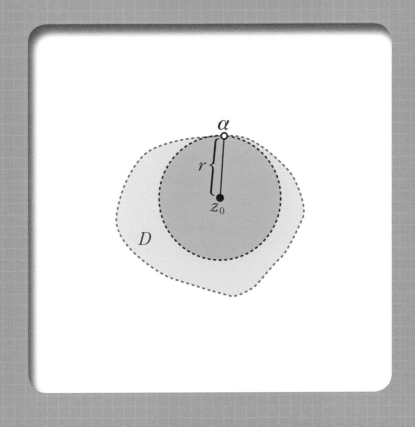

6-1 ベキ級数と収束域

多項式関数 $1+z+z^2+z^3+z^4+\cdots+z^n$ は複素平面の全域で正則な関数である。それでは、n を限りなく大きくして無限に加えた

$$1+z+z^2+z^3+z^4+\cdots+z^{100}+\cdots\cdots$$

はどんな関数なのだろうか。

● 級数とは

実数のときと同様に、複素数 $z_n (n=0, 1, 2, \cdots)$ を並べたものを**数列**といい、次のように書く。

$$z_0, z_1, z_2, z_3, z_4, \cdots \quad \text{または} \quad \{z_n\}$$

項数が有限である数列を**有限数列**、無限である数列を**無限数列**という。

（注）数列を $z_1, z_2, z_3, z_4, \cdots$ と z_1 からスタートする定義もある。

下記のように無限数列 $z_0, z_1, z_2, z_3, z_4, \cdots$ の各項を無限に足したものを**級数**という。

$$\sum_{j=0}^{\infty} z_j = z_0+z_1+z_2+z_3+z_4+\cdots+z_j+\cdots\cdots \quad \cdots\cdots ①$$

この級数に対して次の和 S_n を**部分和**という。

$$S_n = z_0+z_1+z_2+z_3+z_4+\cdots+z_n \quad \cdots\cdots ②$$

部分和の数列 $\{S_n\}$ が n を限りなく大きくしたときに一定の値 S に収束するとき、①の級数を**収束級数**と呼び S を級数①の**和**という。つまり、

$$\lim_{n \to \infty} S_n = S \quad \text{のとき} \quad \sum_{j=0}^{\infty} z_j = S$$

● $1+z+z^2+z^3+z^4+\cdots+z^n+\cdots$ の値は

$1+z+z^2+z^3+z^4+\cdots+z^n+\cdots$ を $f(z)$ とおいて、具体的な z の値に

対して$f(z)$を調べてみよう。例えば、$f\left(\dfrac{1}{2}\right)$はどうだろうか。まず、部分和$S_n$を求めると等比数列の和だから次のようになる。

$$S_n = 1 + \dfrac{1}{2} + \left(\dfrac{1}{2}\right)^2 + \left(\dfrac{1}{2}\right)^3 + \cdots + \left(\dfrac{1}{2}\right)^n$$

$$= \dfrac{1 \times \left\{1 - \left(\dfrac{1}{2}\right)^{n+1}\right\}}{1 - \dfrac{1}{2}} = 2 - \left(\dfrac{1}{2}\right)^n \cdots\cdots ③$$

よって$\lim_{n\to\infty} S_n = 2$ ゆえに、$f\left(\dfrac{1}{2}\right) = 2$ となる。

次に、$f(2)$はどうだろうか。まず、部分和S_nを求めると等比数列の和だから次のようになる。

$$S_n = 1 + 2 + 2^2 + 2^3 + \cdots + 2^n = \dfrac{1 \times \{1 - 2^{n+1}\}}{1 - 2} = 2^{n+1} - 1 \quad \cdots\cdots ④$$

よって$\lim_{n\to\infty} S_n = \infty$ ゆえに、$f(2)$は存在しない。

このように、$f(z) = 1 + z + z^2 + z^3 + z^4 + \cdots + z^n + \cdots$ は、zの値によって、値をもったり、もたなかったりする。

（注）③、④を求めるには、次の等比数列の和の公式を用いた。

$$a + ar + ar^2 + ar^3 + \cdots + ar^{n-1} = \dfrac{a(1 - r^n)}{1 - r} \quad (r \neq 1)$$

● $f(z) = 1 + z + z^2 + z^3 + z^4 + \cdots + z^n + \cdots$ が関数になる条件は

先の説明では$f\left(\dfrac{1}{2}\right) = 2$であったが、$f(2)$は値が存在しなかった。そこで、$f(z)$の値が存在する条件を調べてみることにする。そこで、

$$S_n = 1 + z + z^2 + z^3 + z^4 + \cdots + z^n$$

とすると、等比数列の和の公式から次のことが成り立つ。

$$S_n = 1 + z + z^2 + z^3 + z^4 + \cdots + z^n = \dfrac{1 - z^{n+1}}{1 - z} \quad (z \neq 1) \quad \cdots\cdots ⑤$$

$$S_n = 1 + z + z^2 + z^3 + z^4 + \cdots + z^n = n + 1 \quad (z = 1) \quad \cdots\cdots ⑥$$

⑤、⑥をもとに$\lim_{n\to\infty} S_n$を調べてみよう。

（ⅰ）$z=1$ のとき

$\lim\limits_{n\to\infty} S_n = \lim\limits_{n\to\infty} n = \infty$ となり、$f(z)$ は存在しない。

（ⅱ）$z \neq 1$ のとき

複素数 z を極表示して $z = re^{i\theta}$ とおいてみる。すると、
$$z^n = (re^{i\theta})^n = r^n e^{in\theta} = r^n(\cos n\theta + i\sin n\theta)$$
と書ける。ここで、θ は z の偏角、$r=|z|$ である。よって、

（イ）$|z| < 1$ のとき、つまり、$0 \leqq r < 1$ のとき、

$|\cos n\theta + i\sin n\theta| = 1$ より
$$\lim_{n\to\infty}|z^n| = \lim_{n\to\infty} r^n |\cos n\theta + i\sin n\theta| = \lim_{n\to\infty} r^n = 0$$

ゆえに、$\lim\limits_{n\to\infty} z^n = 0$

（ロ）$|z| = 1$ のとき、つまり、$r=1$ のとき、
$$z^n = r^n(\cos n\theta + i\sin n\theta) = (\cos n\theta + i\sin n\theta)$$

ゆえに、z^n は n が1つ増える度に単位円周上を θ 回転することになる。したがって、$n \to \infty$ のとき $\cos n\theta + i\sin n\theta$ は振動する。

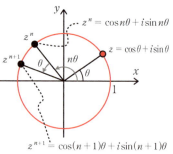

（注）$z \neq 1$ より $\theta \neq 2m\pi$ ただし、m は整数。

（ハ）$|z| > 1$ のとき、つまり、$r > 1$ のとき、（イ）と同様に極表示で計算すると、
$$\lim_{n\to\infty}|z^n| = \lim_{n\to\infty} r^n = \infty$$

よって、z^n は発散する。

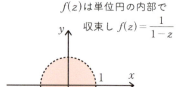

$f(z)$ は単位円の内部で収束し $f(z) = \dfrac{1}{1-z}$

（イ）、（ロ）、（ハ）より、⑤の $S_n = \dfrac{1-z^n}{1-z}$ $(z \neq 1)$ は $|z| < 1$ のときに限って収束し極限値は $\dfrac{1}{1-z}$ となる。つまり、
$$f(z) = 1 + z + z^2 + z^3 + z^4 + \cdots + z^n + \cdots$$

が関数になる条件は$|z|<1$ということになる。

●ベキ級数とは

$f(z)=1+z+z^2+z^3+z^4+\cdots+z^n+\cdots$を一般化した次の級数

$$a_0+a_1(z-z_0)+a_2(z-z_0)^2+\cdots+a_n(z-z_0)^n+\cdots \quad \cdots\cdots⑦$$

を**ベキ級数**（冪級数）という。ただし、z、z_0、$a_k(k=0,1,2,3,\cdots)$はいずれも複素数とする。

（注）ベキは漢字で冪と書き「累乗」を意味する。

ここで、

$$S_n(z)=a_0+a_1(z-z_0)+a_2(z-z_0)^2+\cdots+a_n(z-z_0)^n$$

とすれば、⑦は次のように書ける。

$$\lim_{n\to\infty}S_n(z)=a_0+a_1(z-z_0)+a_2(z-z_0)^2+\cdots+a_n(z-z_0)^n+\cdots$$

〔ベキ級数の例〕

$(1+i)+(1+i)^2(z-i)+(1+i)^3(z-i)^2+$
$\qquad\cdots+(1+i)^{n+1}(z-i)^n+\cdots\cdots$

これは⑦において、$a_n=(1+i)^{n+1}$、$z_0=i$ の場合である。

●ベキ級数の収束域

ベキ級数 $a_0+a_1(z-z_0)+a_2(z-z_0)^2+\cdots+a_n(z-z_0)^n+\cdots \quad \cdots\cdots⑦$
の収束域は $1+z+z^2+\cdots+z^n+\cdots$ と同様に、点z_0を中心とした円の内部で、その円の半径rは次の計算で与えられる（証明略）。

$$\lim_{n\to\infty}\left|\frac{a_{n+1}}{a_n}\right|=\frac{1}{r} \quad \text{（ダランベールの公式）}$$

$$\lim_{n\to\infty}\sqrt[n]{|a_n|}=\frac{1}{r} \quad \text{（コーシー・アダマールの公式）}$$

なお、このときの円を**収束円**、この半径rを**収束半径**という。

（注）収束円の周上では収束することもしないこともある。

〔例〕次のベキ級数の収束半径を求めてみよう。

(1) $f(z) = 1 + z + z^2 + z^3 + z^4 + \cdots + z^n + \cdots$

(2) $f(z) = 1 + \dfrac{z}{1!} + \dfrac{z^2}{2!} + \dfrac{z^3}{3!} + \cdots + \dfrac{z^n}{n!} + \cdots$

(3) $f(z) = 1 + 1!(z-1) + 2!(z-1)^2 + 3!(z-1)^3 +$
$\qquad\qquad\qquad \cdots + n!(z-1)^n + \cdots$

(解)

(1) ⑦において、$a_n = 1$、$z_0 = 0$ の場合である。よって、

$$\dfrac{1}{r} = \lim_{n\to\infty}\left|\dfrac{a_{n+1}}{a_n}\right| = \lim_{n\to\infty}\left|\dfrac{1}{1}\right| = 1 \quad \text{よって、} r = 1$$

(2) ⑦において、$a_n = \dfrac{1}{n!}$、$z_0 = 0$ の場合である。よって、

$$\dfrac{1}{r} = \lim_{n\to\infty}\left|\dfrac{a_{n+1}}{a_n}\right| = \lim_{n\to\infty}\left|\dfrac{n!}{(n+1)!}\right| = \lim_{n\to\infty}\dfrac{1}{n+1} = 0 \quad \text{よって、} r = \infty$$

つまり、z 平面全体で収束する。

(3) ⑦において、$a_n = n!$、$z_0 = 1$ の場合である。よって、

$$\dfrac{1}{r} = \lim_{n\to\infty}\left|\dfrac{a_{n+1}}{a_n}\right| = \lim_{n\to\infty}\left|\dfrac{(n+1)!}{n!}\right| = \lim_{n\to\infty}(n+1) = \infty \quad \text{よって、} r = 0$$

つまり、1 以外は z 平面のどこでも収束しない。

●ベキ級数の性質

ベキ級数 $a_0 + a_1(z-z_0) + a_2(z-z_0)^2 + \cdots + a_n(z-z_0)^n + \cdots$ には次の性質がある（証明略）。

(1) ベキ級数は中心が z_0 である収束円の内部で正則な関数となり、収束円の周上に特異点をもつ。また、収束円の半径 r は中心 z_0 と特異点までの距離に等しい。$r = \infty$ のとき、ベキ級数

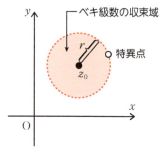

は複素平面全体で正則である。
(2) ベキ級数は収束円の内部で、項別微分、項別積分が可能である。

また、こうして得られた新たなベキ級数の収束半径は、もとのベキ級数の収束半径に等しい。

 ベキ級数には収束域がつきもの

(1) $f(z) = 1 + z + z^2 + z^3 + z^4 + \cdots + z^n + \cdots = \dfrac{1}{1-z}$ （$|z| < 1$ のとき）

この式はよく使われるので覚えておこう。

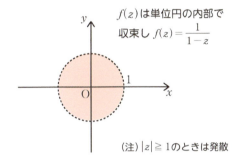

$f(z)$ は単位円の内部で収束し $f(z) = \dfrac{1}{1-z}$

(注) $|z| \geq 1$ のときは発散

(2) ベキ級数 $a_0 + a_1(z - z_0) + a_2(z - z_0)^2 + \cdots + a_n(z - z_0)^n + \cdots$ の収束円は点 z_0 を中心とし半径 r の円である。ただし、r は次の計算で与えられる。

$$\lim_{n \to \infty} \left| \dfrac{a_{n+1}}{a_n} \right| = \dfrac{1}{r}$$
（ダランベールの公式）

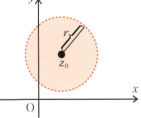

$$\lim_{n \to \infty} \sqrt[n]{|a_n|} = \dfrac{1}{r}$$
（コーシー・アダマールの公式）

6-2 正則関数のベキ級数展開

次のベキ級数は収束円の内部において正則な関数となる（§6-1）。
$$f(z) = a_0 + a_1(z-z_0) + a_2(z-z_0)^2 + \cdots + a_n(z-z_0)^n + \cdots \quad \cdots\cdots ①$$
逆に、任意の正則関数 $f(z)$ は①のようにベキ級数で表わせる（ベキ級数展開という）。このことを調べてみよう。

● 正則関数のテイラー展開

関数 $f(z)$ が領域 D で**正則**とする。D 内に点 z_0 を中心とする半径 R の円 C を考える。すると、C の内部の点 z における $f(z)$ の値は「コーシーの積分公式」（§5-9）によって次の周回積分で表わされる。

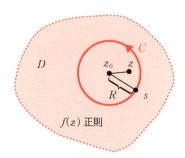

$$f(z) = \frac{1}{2\pi i} \oint_C \frac{f(s)}{s-z} ds \quad \cdots\cdots ②$$

ここで、s は C 上の点であり、z は C の内部の点なので、次の不等式が成立する。$\left|\dfrac{z-z_0}{s-z_0}\right| < 1$

よって、次の等式が成立する。

$$1 + \frac{z-z_0}{s-z_0} + \left(\frac{z-z_0}{s-z_0}\right)^2 + \left(\frac{z-z_0}{s-z_0}\right)^3 + \cdots + \left(\frac{z-z_0}{s-z_0}\right)^n + \cdots = \frac{1}{1-\dfrac{z-z_0}{s-z_0}}$$

（注）この式は前節で得られた次の式を利用すれば得られる。

$$|z|<1 \text{ のとき } 1 + z + z^2 + z^3 + z^4 + \cdots + z^n + \cdots = \frac{1}{1-z} \leftarrow z = \frac{z-z_0}{s-z_0}$$

よって、

$$\frac{1}{s-z} = \frac{1}{(s-z_0)-(z-z_0)} = \frac{1}{(s-z_0)\left(1-\frac{z-z_0}{s-z_0}\right)} = \frac{1}{s-z_0} \times \frac{1}{1-\frac{z-z_0}{s-z_0}}$$

$$= \frac{1}{s-z_0}\left\{1 + \frac{z-z_0}{s-z_0} + \left(\frac{z-z_0}{s-z_0}\right)^2 + \left(\frac{z-z_0}{s-z_0}\right)^3 + \cdots + \left(\frac{z-z_0}{s-z_0}\right)^n + \cdots\right\}$$

$$= \frac{1}{s-z_0} + \frac{z-z_0}{(s-z_0)^2} + \frac{(z-z_0)^2}{(s-z_0)^3} + \frac{(z-z_0)^3}{(s-z_0)^4} + \cdots + \frac{(z-z_0)^n}{(s-z_0)^{n+1}} + \cdots$$

ゆえに、

$$\frac{f(s)}{s-z} = \frac{f(s)}{s-z_0} + \frac{f(s)(z-z_0)}{(s-z_0)^2} + \frac{f(s)(z-z_0)^2}{(s-z_0)^3} + \cdots + \frac{f(s)(z-z_0)^n}{(s-z_0)^{n+1}} + \cdots$$

これと②より、

$$f(z) = \frac{1}{2\pi i}\oint_C \frac{f(s)}{s-z}ds$$

$$= \frac{1}{2\pi i}\oint_C \left\{\frac{f(s)}{s-z_0} + \frac{f(s)(z-z_0)}{(s-z_0)^2} + \frac{f(s)(z-z_0)^2}{(s-z_0)^3} \cdots + \frac{f(s)(z-z_0)^n}{(s-z_0)^{n+1}} + \cdots\right\}ds$$

$$= \frac{1}{2\pi i}\oint_C \frac{f(s)}{s-z_0}ds + \frac{1}{2\pi i}\oint_C \frac{f(s)(z-z_0)}{(s-z_0)^2}ds + \frac{1}{2\pi i}\oint_C \frac{f(s)(z-z_0)^2}{(s-z_0)^3}ds$$

$$+ \cdots + \frac{1}{2\pi i}\oint_C \frac{f(s)(z-z_0)^n}{(s-z_0)^{n+1}}ds + \cdots$$

$$= \frac{1}{2\pi i}\oint_C \frac{f(s)}{s-z_0}ds + \frac{z-z_0}{2\pi i}\oint_C \frac{f(s)}{(s-z_0)^2}ds + \frac{(z-z_0)^2}{2\pi i}\oint_C \frac{f(s)}{(s-z_0)^3}ds$$

$$+ \cdots + \frac{(z-z_0)^n}{2\pi i}\oint_C \frac{f(s)}{(s-z_0)^{n+1}}ds + \cdots \quad \cdots\cdots ③$$

ここで、グルサの公式 $f^{(n)}(z) = \frac{n!}{2\pi i}\oint_C \frac{f(s)}{(s-z)^{n+1}}ds$ (§5−10) より、

$f^{(n)}(z_0) = \frac{n!}{2\pi i}\oint_C \frac{f(s)}{(s-z_0)^{n+1}}ds$ となり、 $\frac{f^{(n)}(z_0)}{n!} = \frac{1}{2\pi i}\oint_C \frac{f(s)}{(s-z_0)^{n+1}}ds$

を得る。また②より、 $f(z_0) = \frac{1}{2\pi i}\oint_C \frac{f(s)}{s-z_0}ds$ となる。よって③より、

$f(z)$ は

$$f(z) = f(z_0) + \frac{f'(z_0)}{1!}(z-z_0)$$
$$+ \frac{f''(z_0)}{2!}(z-z_0)^2 + \cdots + \frac{f^{(n)}(z_0)}{n!}(z-z_0)^n + \cdots \quad \cdots\cdots ④$$

となる。

　この④式のベキ級数は$f(z)$の**テイラー展開**または**テイラー級数**と呼ばれている。領域Dで関数$f(z)$が**正則**であれば、D内の任意の点z_0を中心とするテイラー展開が可能である。なお、テイラー展開の収束半径rは、展開の中心z_0とz_0に最も近い$f(z)$の特異点αまでの距離に等しくなる。なぜならば、コーシーの積分定理（§5-5）によれば、円Cが正則領域内にあれば周回積分の値は円Cによって変わらないので、円Cの半径を正則領域D内の最大にとることができる。したがって、領域Dがz平面全体で、どこにも$f(z)$の特異点がなければ、収束半径rは無限大である。もし、領域D内に$f(z)$の特異点αがあり、それがz_0に最も近いものであればCの最大半径rは展開の中心z_0と$f(z)$の特異点αまでの距離ということになる。

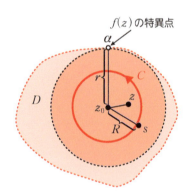

〔**例**〕 $f(z) = \dfrac{1}{z}$を$z=1$と$z=2+3i$を中心にテイラー展開してみよう。

（**解**） $f(z) = \dfrac{1}{z}$は$z=0$を除く領域で正則である。

$$f(z) = \frac{1}{z} \text{より} f'(z) = \frac{-1}{z^2}、f''(z) = \frac{2\times1}{z^3}、f'''(z) = \frac{-3\times2\times1}{z^4} \text{と}$$

なる。

よって、一般に、$f^{(n)}(z) = \dfrac{(-1)^n n!}{z^{n+1}}$となることがわかる。

(イ) $z=1$ を中心にテイラー展開した場合

$$f^{(n)}(z)=\frac{(-1)^n n!}{z^{n+1}} \text{ より } f^{(n)}(1)=\frac{(-1)^n n!}{1^{n+1}}=(-1)^n n!$$

これと④より

$$\frac{1}{z}=f(1)+\frac{f'(1)}{1!}(z-1)+\frac{f''(1)}{2!}(z-1)^2+\cdots+\frac{f^{(n)}(1)}{n!}(z-1)^n+\cdots$$

$$=f(1)+\frac{-1}{1!}(z-1)+\frac{(-1)^2 2!}{2!}(z-1)^2+\cdots+\frac{(-1)^n n!}{n!}(z-1)^n+\cdots$$

$$=1-(z-1)+(z-1)^2+\cdots+(-1)^n(z-1)^n+\cdots$$

となる。収束半径 r は展開の中心 $z=1$ と特異点 $z=0$ との距離 1 である。

（注）ダランベールの公式（§6-1）から収束半径 r を求めると次のようになる。

$$\frac{1}{r}=\lim_{n\to\infty}\left|\frac{a_{n+1}}{a_n}\right|=\lim_{n\to\infty}\left|\frac{(-1)^{n+1}}{(-1)^n}\right|=1 \text{ より } r=1$$

(ロ) $z=2+3i$ を中心にテイラー展開した場合

$$f^{(n)}(z)=\frac{(-1)^n n!}{z^{n+1}} \text{ より } f^{(n)}(2+3i)=\frac{(-1)^n n!}{(2+3i)^{n+1}} \quad \text{これと④より}$$

$$\frac{1}{z}=f(2+3i)+\frac{f'(2+3i)}{1!}(z-2-3i)+\frac{f''(2+3i)}{2!}(z-2-3i)^2$$

$$+\cdots+\frac{f^{(n)}(2+3i)}{n!}(z-2-3i)^n+\cdots$$

$$=\frac{1}{2+3i}+\frac{-1}{(2+3i)^2}(z-2-3i)+\frac{(-1)^2 2!}{(2+3i)^3}\frac{1}{2!}(z-2-3i)^2$$

$$+\cdots+\frac{(-1)^n n!}{(2+3i)^{n+1}}\frac{1}{n!}(z-2-3i)^n+\cdots$$

$$=\frac{1}{2+3i}+\frac{-1}{(2+3i)^2}(z-2-3i)+\frac{1}{(2+3i)^3}(z-2-3i)^2$$

$$+\cdots+\frac{(-1)^n}{(2+3i)^{n+1}}(z-2-3i)^n+\cdots$$

収束半径 r は展開の中心 $z=2+3i$ と特異点 $z=0$ との距離 $\sqrt{2^2+3^2}=\sqrt{13}$ である。

（注）ダランベールの公式（§6-1）から収束半径 r を求めると次のようになる。

$$\frac{1}{r} = \lim_{n\to\infty}\left|\frac{a_{n+1}}{a_n}\right| = \lim_{n\to\infty}\left|\frac{\frac{(-1)^{n+1}}{(2+3i)^{n+2}}}{\frac{(-1)^n}{(2+3i)^{n+1}}}\right| = \lim_{n\to\infty}\left|\frac{-1}{2+3i}\right| \text{ より } r = |2+3i| = \sqrt{13}$$

●マクローリン展開

テイラー展開

$$f(z) = f(z_0) + \frac{f'(z_0)}{1!}(z-z_0) + \frac{f''(z_0)}{2!}(z-z_0)^2$$
$$+ \cdots + \frac{f^{(n)}(z_0)}{n!}(z-z_0)^n + \cdots$$

において、展開の中心 z_0 を 0 にしたものを**マクローリン展開**という。

つまり、$f(z) = f(0) + \frac{f'(0)}{1!}z + \frac{f''(0)}{2!}z^2 + \cdots + \frac{f^{(n)}(0)}{n!}z^n + \cdots$

例えば、$f(z) = e^z$ の場合、n 次導関数はすべて $f^{(n)}(z) = e^z$ であり、$f^{(n)}(0) = e^0 = 1$ なので、この関数のマクローリン展開は次のようになる。

$$e^z = 1 + \frac{z}{1!} + \frac{z^2}{2!} + \frac{z^3}{3!} + \cdots + \frac{z^n}{n!} + \cdots$$

このベキ級数の収束半径 r は e^z は特異点をもたないので無限大である。以下に有名な複素関数のマクローリン展開を紹介しておこう。

(1) $e^z = 1 + \frac{z}{1!} + \frac{z^2}{2!} + \frac{z^3}{3!} + \cdots + \frac{z^n}{n!} + \cdots$

(2) $\cos z = 1 - \frac{z^2}{2!} + \frac{z^4}{4!} - \frac{z^6}{6!} + \cdots$

(3) $\sin z = z - \frac{z^3}{3!} + \frac{z^5}{5!} - \frac{z^7}{7!} + \cdots$

(4) $\text{Log}(1+z) = z - \frac{z^2}{2} + \frac{z^3}{3} - \frac{z^4}{4} + \cdots \quad (|z|<1)$

(5) $\frac{a}{1-z} = a + az + az^2 + az^3 + \cdots \quad (|z|<1)$

(6) $\frac{a}{1+z} = a - az + az^2 - az^3 + \cdots \quad (|z|<1)$

正則関数は必ずベキ級数展開できる

(1) テイラー展開

領域 D で正則な関数 $f(z)$ は、D 内の任意の点 z_0 を中心に次のようにベキ級数展開できる。

$$f(z) = f(z_0) + \frac{f'(z_0)}{1!}(z-z_0) + \frac{f''(z_0)}{2!}(z-z_0)^2 + \cdots + \frac{f^{(n)}(z_0)}{n!}(z-z_0)^n + \cdots$$

これを **テイラー展開** という。

この級数の収束半径は展開の中心 z_0 と z_0 に最も近い $f(z)$ の特異点までの距離に等しい。

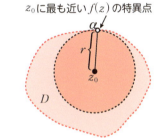

(注) 関数 $f(z)$ が z 平面全体で正則であれば、収束半径は ∞ である。

(2) マクローリン展開

領域 D で正則な関数 $f(z)$ は、次のようにベキ級数展開できる。

$$f(z) = f(0) + \frac{f'(0)}{1!}z + \frac{f''(0)}{2!}z^2 + \cdots + \frac{f^{(n)}(0)}{n!}z^n + \cdots$$

これを **マクローリン展開** という。

この級数の収束半径は展開の中心 0 と 0 に最も近い $f(z)$ の特異点までの距離に等しい。

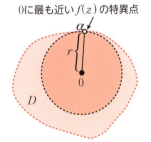

(注) 関数 $f(z)$ が z 平面全体で正則であれば、収束半径は ∞ である。

6-3 特異点を中心としたローラン展開

領域 D で正則な関数 $f(z)$ は、D 内の任意の点 z_0 を中心にして次のベキ級数で書き表わすことができた（テイラー展開（§6-2））。
$$f(z) = a_0 + a_1(z-z_0) + a_2(z-z_0)^2 + \cdots + a_n(z-z_0)^n + \cdots\cdots$$
それでは、もし、点 z_0 が関数 $f(z)$ の特異点のときは、点 z_0 を中心とする $f(z)$ の級数展開はどうなるのだろうか。

関数 $f(z)$ が D 内の点 z_0 で特異点をもち、D 内の他の点では正則の場合に、点 z_0 を中心とする級数展開を調べてみることにする。

（注）この点 z_0 を**孤立特異点**という（§6-4）。

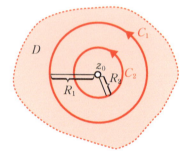

まず、右上図のように、点 z_0 を中心とする2つの同心円 C_1、C_2 を考えてみる。このとき、関数 $f(z)$ は円 C_1、C_2 の周上とこの2つの円に挟まれた円環状の領域で正則とみなせる。

ここで、この円環状の領域の任意の点を z とし（右下図）、次の積分路 C を考える。

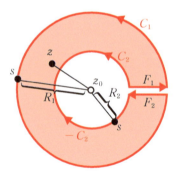

$$C = F_1 + C_1 + F_2 + (-C_2)$$

ただし、$F_2 = -F_1$ である。

この閉曲線 C の内側に特異点 z_0 は存在しないので、円環状の領域の任意の点 z はコーシーの積分公式により次のように書ける（§5-10 の②）。

$$f(z) = \frac{1}{2\pi i}\oint_C \frac{f(s)}{s-z}ds$$

ここで、積分経路 C を分割して考えると、

$$f(z) = \frac{1}{2\pi i}\oint_C \frac{f(s)}{s-z}ds$$

$$= \frac{1}{2\pi i}\left\{\int_{F_1}\frac{f(s)}{s-z}ds + \int_{C_1}\frac{f(s)}{s-z}ds + \int_{F_2}\frac{f(s)}{s-z}ds + \int_{-C_2}\frac{f(s)}{s-z}ds\right\}$$

$$= \frac{1}{2\pi i}\left\{\int_{F_1}\frac{f(s)}{s-z}ds + \int_{C_1}\frac{f(s)}{s-z}ds + \int_{-F_1}\frac{f(s)}{s-z}ds + \int_{-C_2}\frac{f(s)}{s-z}ds\right\}$$

$$= \frac{1}{2\pi i}\left\{\int_{F_1}\frac{f(s)}{s-z}ds + \int_{C_1}\frac{f(s)}{s-z}ds - \int_{F_1}\frac{f(s)}{s-z}ds - \int_{C_2}\frac{f(s)}{s-z}ds\right\}$$

$$= \frac{1}{2\pi i}\oint_{C_1}\frac{f(s)}{s-z}ds - \frac{1}{2\pi i}\oint_{C_2}\frac{f(s)}{s-z}ds$$

つまり、$f(z) = \dfrac{1}{2\pi i}\oint_{C_1}\dfrac{f(s)}{s-z}ds - \dfrac{1}{2\pi i}\oint_{C_2}\dfrac{f(s)}{s-z}ds$ ……① となる。

●周回積分（①式右辺の第1項）の級数展開

①の右辺の第1項の積分路 C_1 での

周回積分 $\dfrac{1}{2\pi i}\oint_{C_1}\dfrac{f(s)}{s-z}ds$ においては

$\left|\dfrac{z-z_0}{s-z_0}\right| < 1$ となる。

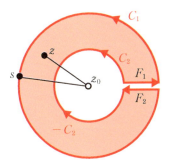

ゆえに、次の等式が成立する（§6-2）。

$$1 + \frac{z-z_0}{s-z_0} + \left(\frac{z-z_0}{s-z_0}\right)^2 + \left(\frac{z-z_0}{s-z_0}\right)^3 + \cdots + \left(\frac{z-z_0}{s-z_0}\right)^n + \cdots = \frac{1}{1-\dfrac{z-z_0}{s-z_0}}$$

よって、

$$\frac{1}{s-z} = \frac{1}{(s-z_0)-(z-z_0)} = \frac{1}{(s-z_0)\left(1-\frac{z-z_0}{s-z_0}\right)} = \frac{1}{s-z_0} \times \frac{1}{1-\frac{z-z_0}{s-z_0}}$$

$$= \frac{1}{s-z_0}\left\{1 + \frac{z-z_0}{s-z_0} + \left(\frac{z-z_0}{s-z_0}\right)^2 + \left(\frac{z-z_0}{s-z_0}\right)^3 + \cdots + \left(\frac{z-z_0}{s-z_0}\right)^n + \cdots\right\}$$

$$= \frac{1}{s-z_0} + \frac{z-z_0}{(s-z_0)^2} + \frac{(z-z_0)^2}{(s-z_0)^3} + \frac{(z-z_0)^3}{(s-z_0)^4} + \cdots + \frac{(z-z_0)^n}{(s-z_0)^{n+1}} + \cdots$$

ゆえに、

$$\frac{f(s)}{s-z} = \frac{f(s)}{s-z_0} + \frac{f(s)(z-z_0)}{(s-z_0)^2} + \frac{f(s)(z-z_0)^2}{(s-z_0)^3} + \cdots + \frac{f(s)(z-z_0)^n}{(s-z_0)^{n+1}} + \cdots$$

よって、

$$\frac{1}{2\pi i}\oint_{C_1}\frac{f(s)}{s-z}ds$$

$$= \frac{1}{2\pi i}\oint_{C_1}\frac{f(s)}{s-z_0}ds + \frac{1}{2\pi i}\oint_{C_1}\frac{f(s)(z-z_0)}{(s-z_0)^2}ds + \frac{1}{2\pi i}\oint_{C_1}\frac{f(s)(z-z_0)^2}{(s-z_0)^3}ds$$

$$+ \cdots + \frac{1}{2\pi i}\oint_{C_1}\frac{f(s)(z-z_0)^n}{(s-z_0)^{n+1}}ds + \cdots$$

$$= \frac{1}{2\pi i}\oint_{C_1}\frac{f(s)}{s-z_0}ds + \frac{z-z_0}{2\pi i}\oint_{C_1}\frac{f(s)}{(s-z_0)^2}ds + \frac{(z-z_0)^2}{2\pi i}\oint_{C_1}\frac{f(s)}{(s-z_0)^3}ds$$

$$+ \cdots + \frac{(z-z_0)^n}{2\pi i}\oint_{C_1}\frac{f(s)}{(s-z_0)^{n+1}}ds + \cdots$$

ここで、$a_n = \frac{1}{2\pi i}\oint_{C_1}\frac{f(s)}{(s-z_0)^{n+1}}ds$ $(n=0,\ 1,\ 2,\ \cdots)$ とおくと、

$$\frac{1}{2\pi i}\oint_{C_1}\frac{f(s)}{s-z}ds$$

$$= a_0 + a_1(z-z_0) + a_2(z-z_0)^2 + \cdots + a_n(z-z_0)^n + \cdots \quad \cdots\cdots ②$$

●周回積分（①式右辺の第 2 項）の級数展開

①の右辺の第 2 項の積分路 C_2 での

周回積分 $-\dfrac{1}{2\pi i}\oint_{C_2}\dfrac{f(s)}{s-z}ds=\dfrac{1}{2\pi i}\oint_{C_2}\dfrac{f(s)}{z-s}ds$

においては $\left|\dfrac{s-z_0}{z-z_0}\right|<1$ となる。

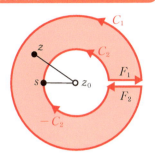

ゆえに、次の等式が成立する（§6-2）。

$$1+\frac{s-z_0}{z-z_0}+\left(\frac{s-z_0}{z-z_0}\right)^2+\left(\frac{s-z_0}{z-z_0}\right)^3+\cdots+\left(\frac{s-z_0}{z-z_0}\right)^n+\cdots=\frac{1}{1-\dfrac{s-z_0}{z-z_0}}$$

よって、

$$\frac{1}{z-s}=\frac{1}{(z-z_0)-(s-z_0)}=\frac{1}{(z-z_0)\left(1-\dfrac{s-z_0}{z-z_0}\right)}=\frac{1}{z-z_0}\times\frac{1}{1-\dfrac{s-z_0}{z-z_0}}$$

$$=\frac{1}{z-z_0}\left\{1+\frac{s-z_0}{z-z_0}+\left(\frac{s-z_0}{z-z_0}\right)^2+\left(\frac{s-z_0}{z-z_0}\right)^3+\cdots+\left(\frac{s-z_0}{z-z_0}\right)^n+\cdots\right\}$$

$$=\frac{1}{z-z_0}+\frac{s-z_0}{(z-z_0)^2}+\frac{(s-z_0)^2}{(z-z_0)^3}+\frac{(s-z_0)^3}{(z-z_0)^4}+\cdots+\frac{(s-z_0)^n}{(z-z_0)^{n+1}}+\cdots$$

ゆえに、

$$\frac{f(s)}{z-s}=\frac{f(s)}{z-z_0}+\frac{f(s)(s-z_0)}{(z-z_0)^2}+\frac{f(s)(s-z_0)^2}{(z-z_0)^3}+\cdots+\frac{f(s)(s-z_0)^n}{(z-z_0)^{n+1}}+\cdots$$

よって、

$$\frac{1}{2\pi i}\oint_{C_2}\frac{f(s)}{z-s}ds$$

$$=\frac{1}{2\pi i}\oint_{C_2}\frac{f(s)}{z-z_0}ds+\frac{1}{2\pi i}\oint_{C_2}\frac{f(s)(s-z_0)}{(z-z_0)^2}ds+\frac{1}{2\pi i}\oint_{C_2}\frac{f(s)(s-z_0)^2}{(z-z_0)^3}ds$$

$$+\cdots+\frac{1}{2\pi i}\oint_{C_2}\frac{f(s)(s-z_0)^n}{(z-z_0)^{n+1}}ds+\cdots$$

$$= \frac{1}{z-z_0}\frac{1}{2\pi i}\oint_{C_2} f(s)ds + \frac{1}{(z-z_0)^2}\frac{1}{2\pi i}\oint_{C_2} f(s)(s-z_0)ds$$

$$+ \frac{1}{(z-z_0)^3}\frac{1}{2\pi i}\oint_{C_2} f(s)(s-z_0)^2 ds$$

$$+ \cdots + \frac{1}{(z-z_0)^{n+1}}\frac{1}{2\pi i}\oint_{C_2} f(s)(s-z_0)^n ds + \cdots$$

ここで、$b_n = \dfrac{1}{2\pi i}\oint_{C_2} f(s)(s-z_0)^{n-1}ds$ $(n = 1,\ 2,\ 3,\ \cdots)$ とおくと、

$$\frac{1}{2\pi i}\oint_{C_2}\frac{f(s)}{s-z}ds = \frac{b_1}{z-z_0} + \frac{b_2}{(z-z_0)^2} + \frac{b_3}{(z-z_0)^3} + \cdots + \frac{b_n}{(z-z_0)^n}$$

$$+ \frac{b_{n+1}}{(z-z_0)^{n+1}} + \cdots \qquad \cdots\cdots ③$$

●ローラン展開

以上①、②、③より次のことがいえる。

$$f(z) = \frac{1}{2\pi i}\oint_{C_1}\frac{f(s)}{s-z}ds - \frac{1}{2\pi i}\oint_{C_2}\frac{f(s)}{s-z}ds$$

$$= a_0 + a_1(z-z_0) + a_2(z-z_0)^2 + \cdots + a_n(z-z_0)^n + \cdots$$

$$+ \frac{b_1}{z-z_0} + \frac{b_2}{(z-z_0)^2} + \frac{b_3}{(z-z_0)^3} + \cdots + \frac{b_n}{(z-z_0)^n} + \cdots$$

$$= \cdots + \frac{b_n}{(z-z_0)^n} + \cdots + \frac{b_3}{(z-z_0)^3} + \frac{b_2}{(z-z_0)^2} + \frac{b_1}{(z-z_0)}$$

$$+ a_0 + a_1(z-z_0) + a_2(z-z_0)^2 + \cdots + a_n(z-z_0)^n + \cdots$$

ただし $\quad a_n = \dfrac{1}{2\pi i}\oint_{C_1}\dfrac{f(s)}{(s-z_0)^{n+1}}ds \quad (n = 0,\ 1,\ 2,\ \cdots) \quad \cdots\cdots④$

$$b_n = \frac{1}{2\pi i}\oint_{C_2} f(s)(s-z_0)^{n-1}ds \quad (n = 1,\ 2,\ 3,\ \cdots) \quad \cdots\cdots⑤$$

なお、④、⑤の積分路は C_1、C_2 と異なるが、円環領域内で周回積分の積分路が変えられることを利用すれば（§5-7）、積分路は C_1、C_2 のかわりに C_1 と C_2 との間にある任意の閉曲線 C を積分路にしても積分の値は

変わらない。そこで、特異点z_0を中心としたベキ級数展開は次のようにまとめられる。

$$f(z) = \cdots + \frac{b_n}{(z-z_0)^n} + \cdots + \frac{b_3}{(z-z_0)^3} + \frac{b_2}{(z-z_0)^2} + \frac{b_1}{(z-z_0)}$$
$$+ a_0 + a_1(z-z_0) + a_2(z-z_0)^2 + \cdots + a_n(z-z_0)^n + \cdots \quad \cdots\cdots ⑥$$

ただし、

$$a_n = \frac{1}{2\pi i}\oint_C \frac{f(s)}{(s-z_0)^{n+1}}ds \quad (n=1, 2, 3, \cdots) \quad \cdots\cdots ⑦$$

$$b_n = \frac{1}{2\pi i}\oint_C f(s)(s-z_0)^{n-1}ds \quad (n=1, 2, 3, \cdots) \quad \cdots\cdots ⑧$$

ここで、積分路Cは特異点z_0を囲む閉曲線とする。この⑥、⑦、⑧は関数$f(z)$の特異点z_0を中心とする**ローラン展開**と呼ばれる。

なお、b_nはa_nを用いて$b_n = a_{-n}$と書ける。

したがって、⑥、⑦、⑧は簡単に次のようにまとめられる。

$$f(z) = \cdots + \frac{a_{-n}}{(z-z_0)^n} + \cdots + \frac{a_{-3}}{(z-z_0)^3} + \frac{a_{-2}}{(z-z_0)^2} + \frac{a_{-1}}{(z-z_0)}$$
$$+ a_0 + a_1(z-z_0) + a_2(z-z_0)^2 + \cdots + a_n(z-z_0)^n + \cdots \quad \cdots\cdots ⑨$$

ただし、$a_n = \dfrac{1}{2\pi i}\oint_C \dfrac{f(s)}{(s-z_0)^{n+1}}ds \quad (n=0, \pm 1, \pm 2, \cdots) \quad \cdots\cdots ⑩$

なお、$a_0 + a_1(z-z_0) + a_2(z-z_0)^2 + \cdots + a_n(z-z_0)^n + \cdots$ はローラン展開⑨の**正則部**、$\dfrac{a_{-1}}{z-z_0} + \dfrac{a_{-2}}{(z-z_0)^2} + \dfrac{a_{-3}}{(z-z_0)^3} + \cdots + \dfrac{a_{-n}}{(z-z_0)^n} + \cdots$ はローラン展開⑨の**主要部**と呼ばれている。

〔例〕$|z-1|<1$ のとき、$f(z)=\dfrac{1}{z(1-z)}$ を特異点 $z=1$ を中心としてローラン展開してみよう。

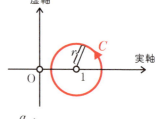

〔解〕$z_0=1$ を中心とする $f(z)$ のローラン展開は次のように書ける（⑨、⑩）。

$$f(z)=\cdots+\dfrac{a_{-n}}{(z-1)^n}+\cdots+\dfrac{a_{-2}}{(z-1)^2}+\dfrac{a_{-1}}{z-1}$$
$$+a_0+a_1(z-1)+a_2(z-1)^2$$
$$+a_3(z-1)^3+\cdots+a_n(z-1)^n+\cdots$$

ただし、$a_n=\dfrac{1}{2\pi i}\oint_C \dfrac{f(s)}{(s-z_0)^{n+1}}ds \quad (n=0,\pm 1,\pm 2,\cdots)$

ここで C は $z_0=1$ を中心とし半径 r $(r<1)$ の円とする。また、C の周上と内部を D とする。

$f(z)=\dfrac{1}{z(1-z)}$ より、

$$a_n=\dfrac{1}{2\pi i}\oint_C \dfrac{f(s)}{(s-z_0)^{n+1}}ds=\dfrac{1}{2\pi i}\oint_C \dfrac{ds}{(s-1)^{n+1}s(1-s)}$$
$$=\dfrac{1}{2\pi i}\oint_C \dfrac{1}{(s-1)^{n+2}}\dfrac{-1}{s}ds$$

（イ）$n<-1$ のとき

$\dfrac{1}{(s-1)^{n+2}s}$ は D で正則だからコーシーの積分定理より

$$a_n=\dfrac{1}{2\pi i}\oint_C \dfrac{1}{(s-1)^{n+2}}\dfrac{-1}{s}ds=0$$

（ロ）$n=-1$ のとき

コーシーの積分公式より $g(z)=\dfrac{-1}{z}$ として

$$a_{-1}=\dfrac{1}{2\pi i}\oint_C \dfrac{-ds}{(s-1)s}=\dfrac{1}{2\pi i}\oint_C \dfrac{1}{s-1}g(s)ds=g(1)=-1$$

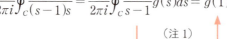

と書ける。なぜならば、$g(z)=\dfrac{-1}{z}$ は D で正則で 1 は D 内の点。

(注1) コーシーの積分公式（§5-9）の利用

関数 $g(z)$ が領域 D で正則であるとき、D 内の任意の点 z_0 とする。z_0 を囲みこの領域に含まれる閉曲線を C とするとき、

$$g(z_0) = \frac{1}{2\pi i} \int_C \frac{g(s)}{s-z_0} ds$$

よって、$g(1) = \dfrac{1}{2\pi i} \int_C \dfrac{g(s)}{s-1} ds$

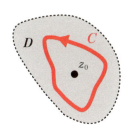

(ハ) $n > -1$ のとき

グルサの公式より $g(z) = \dfrac{-1}{z}$ として

（注2）

$$a_n = \frac{1}{2\pi i} \oint_C \frac{1}{(s-1)^{n+2}} \frac{-1}{s} ds = \frac{1}{2\pi i} \oint_C \frac{g(s)}{(s-1)^{n+2}} ds = \frac{g^{(n+1)}(1)}{(n+1)!}$$

ここで、$g(z) = \dfrac{-1}{z}$ より $g^{(n)}(z) = \dfrac{(-1)^{n+1} n!}{z^{n+1}}$

よって、$g^{(n+1)}(1) = (-1)^{n+2}(n+1)!$

ゆえに $a_n = \dfrac{g^{(n+1)}(1)}{(n+1)!} = \dfrac{(-1)^{n+2}(n+1)!}{(n+1)!} = (-1)^{n+2} = (-1)^n$

(注2) グルサの公式（§5-10）の利用

関数 $g(z)$ が領域 D で正則であり、D 内の任意の点 z と、z を囲みこの領域に含まれる閉曲線を C とするとき、関数 $g(z)$ の n 次導関数が存在し、

$g^{(n)}(z) = \dfrac{n!}{2\pi i} \oint_C \dfrac{g(s)}{(s-z)^{n+1}} ds$ となる。

よって、

$$g^{(n+1)}(1) = \frac{(n+1)!}{2\pi i} \oint_C \frac{g(s)}{(s-1)^{n+2}} ds$$

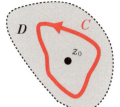

（イ）、（ロ）、（ハ）より、$f(z)=\dfrac{1}{z(1-z)}$ の $z=1$ を中心としたローラン展開は、

$$f(z) = \cdots + \frac{a_{-n}}{(z-1)^n} + \cdots + \frac{a_{-2}}{(z-1)^2} + \frac{a_{-1}}{z-1} + a_0 + a_1(z-1)$$
$$+ a_2(z-1)^2 + a_3(z-1)^3 + \cdots + a_n(z-1)^n + \cdots$$
$$= \frac{-1}{z-1} + 1 - (z-1) + (z-1)^2 - (z-1)^3$$
$$+ \cdots + (-1)^n(z-1)^n + \cdots \qquad (|z-1|<1,\ z \neq 1)$$

(別解)

$|z-1|<1$ のとき

$$1 + (1-z) + (1-z)^2 + (1-z)^3 + \cdots + (1-z)^n + \cdots$$
$$= \frac{1}{1-(1-z)} = \frac{1}{z}$$

よって、

$$f(z) = \frac{1}{z(1-z)} = \frac{1}{1-z} + \frac{1}{z}$$
$$= \frac{1}{1-z} + 1 + (1-z) + (1-z)^2 + (1-z)^3 +$$
$$\cdots + (1-z)^n + \cdots \qquad (|z-1|<1, z \neq 1)$$

（注）一見、先の答えと違うように見えるが、その原因は $(1-z)$ のベキ級数で表現するか、$(z-1)$ のベキ級数で表現するかの違いにすぎない。

この例の解答でわかるように、ローラン展開の係数

$$a_n = \frac{1}{2\pi i}\oint_C \frac{f(s)}{(s-z_0)^{n+1}}ds \qquad (n=0,\ \pm 1,\ \pm 2,\ \cdots)$$

を求めるのは大変である。別解のように等比級数の展開式を利用すると簡単に求められることがある。

●テイラー展開はローラン展開の特殊な場合

関数 $f(z)$ のローラン展開において、その中心 z_0 で $f(z)$ が正則であれ

ば、展開式の各項の係数 $a_n = \dfrac{1}{2\pi i}\oint_C \dfrac{f(s)}{(s-z_0)^{n+1}}ds$ は次の関係を満たす。

$$\begin{cases} a_n = \dfrac{1}{n!}f^{(n)}(z_0) & (n=0,\ 1,\ 2,\ 3,\ \cdots) \quad \cdots\cdots (\text{i}) \\ a_n = 0 & (n=-1,\ -2,\ -3,\ \cdots) \quad \cdots\cdots (\text{ii}) \end{cases}$$

（i）の理由は積分路 C の内部で $f(s)$ が正則になるためグルサの公式が使えるからである（テイラー展開参照）。また、（ii）の理由は積分路 C の内部で被積分関数 $\dfrac{f(s)}{(s-z_0)^{n+1}}$ が正則になるため、コーシーの積分定理から積分値が 0 になるからである。

 ローラン展開

複素関数 $f(z)$ が $0 < |z-z_0| < R$ で正則であるとき、この領域に含まれる任意の z に対して

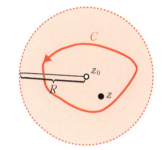

$$f(z) = \cdots + \dfrac{a_{-n}}{(z-z_0)^n} + \cdots + \dfrac{a_{-3}}{(z-z_0)^3} + \dfrac{a_{-2}}{(z-z_0)^2} + \dfrac{a_{-1}}{(z-z_0)}$$

$$+ a_0 + a_1(z-z_0) + a_2(z-z_0)^2 + \cdots + a_n(z-z_0)^n + \cdots$$

ただし、$a_n = \dfrac{1}{2\pi i}\oint_C \dfrac{f(s)}{(s-z_0)^{n+1}}ds \quad (n=0,\ \pm 1,\ \pm 2,\ \cdots)$

と展開できる。これを**ローラン展開**という。

（注）$f(z)$ が z_0 で正則であれば、ローラン展開はテイラー展開と一致する。

6-4 留数と留数定理

ローラン展開された関数 $f(z)$ を展開の中心 z_0 のまわりにグルッと一周する周回積分 $\oint_C f(z)dz$ を求めてみよう。この求め方をまとめたのが留数定理と呼ばれるものである。

● a_{-1} は特別な意味をもつ

関数 $f(z)$ がその特異点 z_0 を中心に次のようにローラン展開されているものとする（§6-3）。

$$f(z) = \cdots + \frac{a_{-3}}{(z-z_0)^3} + \frac{a_{-2}}{(z-z_0)^2} + \frac{a_{-1}}{(z-z_0)}$$
$$+ a_0 + a_1(z-z_0) + a_2(z-z_0)^2 + a_3(z-z_0)^3 + \cdots \quad \cdots\cdots ①$$

$f(z)$ を z_0 を囲む閉曲線 C に沿って積分すると、

$$\oint_C f(z)dz = \cdots + a_{-3}\oint_C \frac{1}{(z-z_0)^3}dz + a_{-2}\oint_C \frac{1}{(z-z_0)^2}dz + a_{-1}\oint_C \frac{1}{z-z_0}dz$$
$$+ a_0\oint_C dz + a_1\oint_C (z-z_0)dz + a_2\oint_C (z-z_0)^2 dz$$
$$+ a_3\oint_C (z-z_0)^3 dz + \cdots \quad \cdots\cdots ②$$

ここで、

$$\oint_C (z-z_0)^n dz = 0 \quad (n \neq -1)$$

$$\oint_C \frac{1}{z-z_0}dz = 2\pi i$$

である（§5-2）。したがって②は、

$$\oint_C f(z)dz = 2\pi i a_{-1} \quad \cdots\cdots ③$$

となる。つまり、②の$\oint_C f(z)dz$の計算においては、ローラン展開の$\dfrac{1}{z-z_0}$の係数a_{-1}だけ残り（留まり）、これ以外はすべて消えてしまうことになる。そこで、a_{-1}を関数$f(z)$の$z=z_0$における**留数**（residue：レジデュー）といい次のように書く。

$$a_{-1} = \text{Res}\, f(z_0) \quad \text{または} \quad a_{-1} = \text{Res}\,[f]_{z=z_0}$$

●ローラン展開におけるm位の極

このように留数a_{-1}は大事である。そこでa_{-1}を求めてみたいが、その前に、ローラン展開した式の「孤立特異点」、「極」について調べておこう。

関数$f(z)$が$z=z_0$で正則でなくその周辺の点（近傍）では正則であるとき、$z=z_0$を$f(z)$の**孤立特異点**という。つまり、特異点同士が連続してつながっていない、そういう特異点が孤立特異点である。

例えば、$z=1, i$は$f(z)=\dfrac{1}{(z-1)(z-i)}$の孤立特異点である。

本書で今までに紹介した特異点はこの孤立特異点である。

z_0を中心としたローラン展開において主要部の係数が

$$a_{-m} \neq 0、\ a_{-m-1} = 0、\ a_{-m-2} = 0、\ a_{-m-3} = 0、\cdots$$

であるとき、つまり、展開式が

$$f(z) = \dfrac{a_{-m}}{(z-z_0)^m} + \cdots + \dfrac{a_{-3}}{(z-z_0)^3} + \dfrac{a_{-2}}{(z-z_0)^2} + \dfrac{a_{-1}}{(z-z_0)}$$
$$+ a_0 + a_1(z-z_0) + a_2(z-z_0)^2 + \cdots + a_n(z-z_0)^n + \cdots$$

と書けるとき、孤立特異点z_0を$f(z)$の**m位の極**という。

例えば$f(z)=\dfrac{1}{z(1-z)}$は特異点0を中心として

$$f(z) = \dfrac{1}{z(1-z)} = \dfrac{1}{z} + 1 + z^2 + z^3 + \cdots\cdots + z^n + \cdots \quad (|z|<1, z\neq 0)$$

とローラン展開できるので特異点0は$f(z)$の**1位の極**である。

（注）下記のローラン展開のように主要部の項が無限個の場合、孤立特異点 z_0 を**真性特異点**という。

$$f(z) = \cdots + \frac{a_{-n}}{(z-z_0)^n} + \cdots + \frac{a_{-3}}{(z-z_0)^3} + \frac{a_{-2}}{(z-z_0)^2} + \frac{a_{-1}}{(z-z_0)}$$
$$+ a_0 + a_1(z-z_0) + a_2(z-z_0)^2 + \cdots + a_n(z-z_0)^n + \cdots$$

●分数関数の特異点の極の位数

複素関数 $f(z)$ が分数関数で次のように表現されているとする。

$$f(z) = \frac{g(z)}{(z-z_0)^n} \quad \cdots\cdots ④$$

ただし、n は自然数、$g(z)$ は z_0 も含め z_0 の近くで正則、$g(z_0) \neq 0$ とする。このとき、z_0 は $f(z)$ の n 位の極である。その理由を調べてみよう。$g(z)$ は z_0 で正則なので z_0 を中心とした次のテイラー展開が可能である。

$$g(z) = a_0 + a_1(z-z_0) + a_2(z-z_0)^2 + \cdots + a_n(z-z_0)^n + \cdots$$

ここで、$g(z_0) \neq 0$ より $a_0 \neq 0$

よって、$f(z)$ は次のようにローラン展開される。

$$f(z) = \frac{g(z)}{(z-z_0)^n}$$
$$= \frac{1}{(z-z_0)^n}\{a_0 + a_1(z-z_0) + a_2(z-z_0)^2 + \cdots + a_n(z-z_0)^n + \cdots\}$$
$$= \frac{a_0}{(z-z_0)^n} + \frac{a_1}{(z-z_0)^{n-1}} + \frac{a_2}{(z-z_0)^{n-2}} + \cdots$$
$$+ a_n + a_{n+1}(z-z_0) + a_{n+2}(z-z_0)^2 + \cdots$$

したがって、z_0 は $f(z)$ の n 位の極である。

〔例〕(1) $z=1$ は $f(z) = \dfrac{z+2+i}{(z-1)(z-i)^2}$ の 1 位の極である。

(2) $z=i$ は $f(z) = \dfrac{z+2+i}{(z-1)(z-i)^2}$ の 2 位の極である。

(1) は④において $g(z) = \dfrac{z+2+i}{(z-i)^2}$、(2) は④において $g(z) = \dfrac{z+2+i}{(z-1)}$ の場合である。

● 留数 a_{-1} を求めてみよう

関数 $f(z)$ を実際にローラン展開すればその留数 a_{-1} はわかるが、ローラン展開は大変である。そこで、ここでは、ローラン展開によらずに関数 $f(z)$ の $z = z_0$ における留数を求めてみることにしよう。

(1) 関数 $f(z)$ が $z = z_0$ で1位の極をもつ場合

このとき、$f(z)$ のローラン展開は

$$f(z) = \frac{a_{-1}}{z - z_0} + g(z)$$

と書ける。ただし、$g(z)$ はローラン展開の正則部とする。

この式の両辺に $(z - z_0)$ を掛けると、

$$(z - z_0) f(z) = a_{-1} + (z - z_0) g(z)$$

よって、$\displaystyle\lim_{z \to z_0} (z - z_0) f(z) = \lim_{z \to z_0} \{a_{-1} + (z - z_0) g(z)\} = a_{-1}$

(2) 関数 $f(z)$ が $z = z_0$ で2位の極をもつ場合

このとき、$f(z)$ のローラン展開は

$$f(z) = \frac{a_{-2}}{(z - z_0)^2} + \frac{a_{-1}}{z - z_0} + g(z)$$

と書ける。ただし、$g(z)$ はローラン展開の正則部とする。

この式の両辺に $(z - z_0)^2$ を掛けると、

$$(z - z_0)^2 f(z) = a_{-2} + a_{-1}(z - z_0) + (z - z_0)^2 g(z)$$

両辺を微分すると

$$\frac{d}{dz}\{(z - z_0)^2 f(z)\} = a_{-1} + (z - z_0)\{2g(z) + (z - z_0) g'(z)\}$$

ゆえに、$\displaystyle\lim_{z \to z_0} \frac{d}{dz}\{(z - z_0)^2 f(z)\} = a_{-1}$

(3) 関数 $f(z)$ が $z = z_0$ で3位の極をもつ場合

このとき、$f(z)$ のローラン展開は

$$f(z) = \frac{a_{-3}}{(z-z_0)^3} + \frac{a_{-2}}{(z-z_0)^2} + \frac{a_{-1}}{z-z_0} + g(z)$$

と書ける。ただし、$g(z)$はローラン展開の正則部とする。

この式の両辺に$(z-z_0)^3$を掛けると、

$$(z-z_0)^3 f(z) = a_{-3} + a_{-2}(z-z_0) + a_{-1}(z-z_0)^2 + (z-z_0)^3 g(z)$$

両辺を2回微分すると

$$\frac{d^2}{dz^2}\{(z-z_0)^3 f(z)\}$$
$$= 2!a_{-1} + (z-z_0)\{6g(z) + 6(z-z_0)g'(z) + (z-z_0)^2 g''(z)\}$$

ゆえに、$\lim_{z \to z_0} \frac{d^2}{dz^2}\{(z-z_0)^3 f(z)\} = 2!a_{-1}$

(1)、(2)、(3) をもとに、関数$f(z)$が$z = z_0$でm位の極をもつ場合を考察すると次のようになる。

$$\lim_{z \to z_0} \frac{d^{m-1}}{dz^{m-1}}\{(z-z_0)^m f(z)\} = (m-1)!a_{-1} \quad \cdots\cdots ⑤$$

ここで、微分記号$\dfrac{d^0}{dz^0}$を0回微分、つまり、微分しない状態を表わすと考えれば、(1)の場合は⑤式に含まれることがわかる。なお、$0! = 1$である。

以上のことから、留数a_{-1}は微分と極限計算を用いた次の式で求められることがわかる。

$$a_{-1} = \operatorname{Res} f(z_0) = \frac{1}{(m-1)!} \lim_{z \to z_0} \frac{d^{m-1}}{dz^{m-1}}\{(z-z_0)^m f(z)\} \quad \cdots\cdots ⑥$$

〔例〕

(1) $f(z) = \dfrac{e^z}{z^2 + 1}$ の特異点における留数を求めてみよう。

(2) $f(z) = \dfrac{z+1}{z^3 - 2z^2 + z}$ の特異点における留数を求めてみよう。

（1 の解） 関数 $f(z)$ の特異点は $f(z)=\dfrac{e^z}{(z+i)(z-i)}$ より $z=\pm i$ である。

よって、関数 $f(z)$ は $z=\pm i$ で 1 位の極をもつ。

$z=i$ における留数 $\mathrm{Res}\,f(i)$ は⑥より $m=1$ として、

$$\mathrm{Res}\,f(i)=\frac{1}{0!}\lim_{z\to i}(z-i)\frac{e^z}{(z+i)(z-i)}$$

$$=\lim_{z\to i}\frac{e^z}{z+i}=\frac{e^i}{2i}=\frac{1}{2}(\sin 1 - i\cos 1)$$

$z=-i$ における留数 $\mathrm{Res}\,f(-i)$ は⑥より $m=1$ として、

$$\mathrm{Res}\,f(-i)=\frac{1}{0!}\lim_{z\to -i}(z+i)\frac{e^z}{(z+i)(z-i)}$$

$$=\lim_{z\to -i}\frac{e^z}{z-i}=\frac{e^{-i}}{-2i}=\frac{1}{2}(\sin 1 + i\cos 1)$$

（注）$0!=1$

以上のことから、$f(z)$ の特異点 $z=i$ での留数は $\dfrac{1}{2}(\sin 1 - i\cos 1)$、

$f(z)$ の特異点 $z=-i$ での留数は $\dfrac{1}{2}(\sin 1 + i\cos 1)$

（2 の解） 関数 $f(z)$ の特異点は $f(z)=\dfrac{z+1}{z(z-1)^2}$ より $z=0,\ 1$ である。

よって関数 $f(z)$ は $z=0$ で 1 位の極をもつ。ここでの留数は⑥より、

$$\mathrm{Res}\,f(0)=\frac{1}{0!}\lim_{z\to 0}z\frac{z+1}{z(z-1)^2}=\lim_{z\to 0}\frac{z+1}{(z-1)^2}=1$$

また、関数 $f(z)$ は $z=1$ で 2 位の極をもつ。ここでの留数は⑥より、

$$\mathrm{Res}\,f(1)=\frac{1}{(2-1)!}\lim_{z\to z_0}\frac{d}{dz}\left\{(z-1)^2\frac{z+1}{z(z-1)^2}\right\}$$

$$=\lim_{z\to 1}\frac{d}{dz}\left(1+\frac{1}{z}\right)=\lim_{z\to 1}\frac{-1}{z^2}=-1$$

以上のことから、特異点 $z=0$ での留数は 1、

特異点 $z=1$ での留数は -1

●留数定理

ここまでの話は、関数 $f(z)$ が閉曲線 C 上で正則で、C の内部に 1 個の特異点 $z = z_0$ をもち、この点を除けば C の囲む領域で正則であるとした。つまり、z_0 は孤立特異点。このとき、$f(z)$ の周回積分は

$$\oint_C f(z)dz = 2\pi i a_{-1} = 2\pi i \times \operatorname{Res} f(z_0)$$

と書けた。

それでは、この閉曲線 C の中に n 個の孤立特異点 z_1、z_2、z_3、…、z_n がある場合（左下図）には周回積分 $\oint_C f(z)dz$ はどうなるだろうか。

このときは、右下図のように、各特異点 z_1、z_2、z_3、…、z_n を中心とする半径の十分小さな円 C_1、C_2、C_3、…、C_n をとることにする。すると、$f(z)$ は C と C_1、C_2、C_3、…、C_n で囲まれた領域（網掛け部分）で正則なので、$f(z)$ の周回積分は次のように書ける（§5-7）。

$$\oint_C f(z)dz = \oint_{C_1} f(z)dz + \oint_{C_2} f(z)dz + \cdots + \oint_{C_j} f(z)dz + \cdots + \oint_{C_n} f(z)dz \quad \cdots\cdots ⑦$$

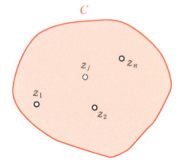
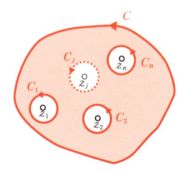

ここで、この式の右辺の個々の周回積分は、小円の内部で特異点を除いては正則なので次の計算が成立する。

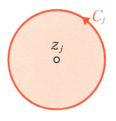

$$\oint_{C_j} f(z)dz = 2\pi i \mathrm{Res} f(z_j) \ (j=1, 2, \cdots, n)$$

これと⑦より

$$\oint_C f(z)dz = 2\pi i (\mathrm{Res} f(z_1) + \mathrm{Res} f(z_2)$$
$$+ \cdots + \mathrm{Res} f(z_j) + \cdots + \mathrm{Res} f(z_n))$$
$$= 2\pi i \sum_{j=1}^n \mathrm{Res} f(z_j)$$

となる。これを**留数定理**と呼ぶ。

〔例〕 $f(z)=\dfrac{z+2}{z(z-i)}$ を原点中心、半径2の円 C に沿って反時計回りに積分してみよう。

(解) この関数の特異点 0、i は円 C の内側にあり、各点における留数は次の値になる。

$$\mathrm{Res} f(0) = \lim_{z\to 0} z\frac{z+2}{z(z-i)} = \lim_{z\to 0}\frac{z+2}{z-i} = \frac{2}{-i} = 2i$$

$$\mathrm{Res} f(i) = \lim_{z\to i}(z-i)\frac{z+2}{z(z-i)} = \lim_{z\to i}\frac{z+2}{z} = \frac{i+2}{i} = 1-2i$$

よって、留数定理より、

$$\oint_C \frac{z+2}{z(z-i)}dz = 2\pi i\{2i+(1-2i)\} = 2\pi i$$

〔例〕 $\displaystyle\int_{-\infty}^{\infty}\frac{1}{1+x^2}dx$ の値を複素関数の積分を利用して求めてみよう。

(解)

$\displaystyle\int_{-\infty}^{\infty}\frac{1}{1+x^2}dx$ ……⑧ を求めるのに実変数 x を複素変数 z に変えた

周回積分 $\oint_C \dfrac{1}{1+z^2} dz$ ……⑨ を利用することにする。ここで、積分路 $C(=C_1+C_2)$ は右図の半径 $R(>1)$ の半円周とする。このとき、⑨の値は §5−2 より

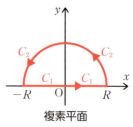
複素平面

$$\oint_C \frac{1}{1+z^2} dz = \int_C \frac{1}{2i}\left(\frac{1}{z-i} - \frac{1}{z+i}\right) dz$$
$$= \frac{1}{2i} \int_C \frac{1}{z-i} dz = \frac{2\pi i}{2i} = \pi \quad \cdots\cdots ⑩$$

（注）これはコーシーの積分公式や留数定理からも求められる。

また、周回積分の経路 C を上図のように C_1 と C_2 の2つに分割すると

$$\oint_C \frac{1}{1+z^2} dz = \int_{C_1} \frac{1}{1+z^2} dz + \int_{C_2} \frac{1}{1+z^2} dz$$
$$= \int_{-R}^{R} \frac{1}{1+x^2} dx + \int_{C_2} \frac{1}{1+z^2} dz$$

これと⑩より $\int_{-R}^{R} \dfrac{1}{1+x^2} dx + \int_{C_2} \dfrac{1}{1+z^2} dz = \pi$ ……⑪

このとき⑪の左辺の第2項に関して次の不等式が成立する。

$$\left| \int_{C_2} \frac{1}{1+z^2} dz \right| \leq \frac{R\pi}{R^2-1} \quad \cdots\cdots ⑫$$

なぜならば $z = Re^{i\theta}$ $(0 \leq \theta \leq \pi)$ とすると $dz = Rie^{i\theta} d\theta$ より

（注）

$$\left| \int_{C_2} \frac{1}{1+z^2} dz \right| = \left| \int_0^\pi \frac{Rie^{i\theta}}{1+R^2 e^{2i\theta}} d\theta \right| \leq \int_0^\pi \left| \frac{Rie^{i\theta}}{1+R^2 e^{2i\theta}} \right| d\theta$$
$$= \int_0^\pi \frac{|Rie^{i\theta}|}{|1+R^2 e^{2i\theta}|} d\theta = \int_0^\pi \frac{R|i||e^{i\theta}|}{|R^2\cos 2\theta + iR^2\sin 2\theta + 1|} d\theta$$
$$= \int_0^\pi \frac{R}{\sqrt{R^4 + 2R^2\cos 2\theta + 1}} d\theta \leq \int_0^\pi \frac{R}{\sqrt{R^4 - 2R^2 + 1}} d\theta = \frac{R\pi}{R^2-1}$$

となる。よって⑫より、$R \to \infty$ のとき $\left|\int_{C_2} \dfrac{1}{1+z^2} dz\right| \to 0$

よって$R \to \infty$ のとき、$\int_{C_2} \dfrac{1}{1+z^2} dz \to 0$

ゆえに、⑪において$R \to \infty$ とすると、$\int_{-\infty}^{\infty} \dfrac{1}{1+x^2} dx + 0 = \pi$

ゆえに、$\int_{-\infty}^{\infty} \dfrac{1}{1+x^2} dx = \pi$ （答）

なお、⑧の積分は複素関数の積分を利用しなくても$x = \tan\theta$と置換すれば求めることができる。むしろ、⑨を利用する方が大変であるが、①の被積分関数が一般的な有理関数の場合は複素関数の周回積分で求める方が解法を一般化できる。

（注）$|f(z_1)\Delta z_1 + f(z_2)\Delta z_2 + f(z_3)\Delta z_3 + \cdots + f(z_n)\Delta z_n|$
$\leq |f(z_1)||\Delta z_1| + |f(z_2)||\Delta z_2| + |f(z_3)||\Delta z_3| + \cdots + |f(z_n)||\Delta z_n|$
と複素関数の積分の定義（§5-2）より $\left|\int_C f(z)dz\right| \leq \int_C |f(z)||dz|$ を得る。

なお、dz が 0 以上の実数値をとるのであれば$|dz| = dz$ である。

ベキ級数の周回積分は留数定理を使えば簡単

●留数の定義

関数$f(z)$の特異点$z = z_0$ を中心としたローラン展開

$$f(z) = \cdots + \dfrac{a_{-n}}{(z-z_0)^n} + \cdots + \dfrac{a_{-3}}{(z-z_0)^3}$$
$$+ \dfrac{a_{-2}}{(z-z_0)^2} + \dfrac{a_{-1}}{(z-z_0)}$$
$$+ a_0 + a_1(z-z_0) + a_2(z-z_0)^2$$
$$+ \cdots + a_n(z-z_0)^n + \cdots$$

$f(z)$ 正則
z
z_0
特異点

$f(z)$において、$\dfrac{1}{z-z_0}$ の係数a_{-1} を $f(z)$ の $z = z_0$ における**留数**

(residue：レジデュー) という。

$f(z)$の$z=z_0$における**留数**a_{-1}を$\operatorname{Res}f(z_0)$などと書く。

●留数の求め方

$z=z_0$でm位の極をもつ関数$f(z)$の留数a_{-1}は$(z-z_0)^m f(z)$の$m-1$次導関数の次の極限で求められる。

$$a_{-1} = \frac{1}{(m-1)!}\lim_{z \to z_0}\frac{d^{m-1}}{dz^{m-1}}\{(z-z_0)^m f(z)\}$$

$$f(z) = \frac{a_{-m}}{(z-z_0)^m} + \cdots + \frac{a_{-3}}{(z-z_0)^3} + \frac{a_{-2}}{(z-z_0)^2} + \frac{a_{-1}}{(z-z_0)}$$
$$+ a_0 + a_1(z-z_0) + a_2(z-z_0)^2 + \cdots + a_n(z-z_0)^n + \cdots$$

●分数関数の極

複素関数$f(z) = \dfrac{g(z)}{(z-z_0)^n}$において$z_0$は$f(z)$の$n$位の極である。ただし、$n$は自然数、$g(z)$は$z_0$も含め$z_0$の近くで正則、$g(z_0) \neq 0$とする。

●留数定理

(1) 関数$f(z)$が閉曲線C上で正則で、Cの内部に特異点$z=z_0$をもち、この点を除けばCの囲む領域で正則であるとする。このとき、$f(z)$の周回積分は $\oint_C f(z)dz = 2\pi i \operatorname{Res}f(z_0)$ となる。

$$\oint_C f(z)dz = 2\pi i \operatorname{Res}f(z_0)$$

C　$f(z)$正則　z_0　特異点

C上で$f(z)$正則

(2) 関数 $f(z)$ が閉曲線 C 上で正則で、C の内部に n 個の特異点 z_1、z_2、z_3、…、z_n があり、これらの点を除けば、C の内部で $f(z)$ が正則であるとする。このとき、

$$\oint_C f(z)dz = 2\pi i \{\mathrm{Res} f(z_1) + \mathrm{Res} f(z_2) \\ + \cdots + \mathrm{Res} f(z_j) + \cdots + \mathrm{Res} f(z_n)\} \\ = 2\pi i \sum_{j=1}^{n} \mathrm{Res} f(z_j)$$

となる。

$$\oint_C f(z)dz = 2\pi i \sum_{j=1}^{n} \mathrm{Res} f(z_j)$$

$f(z)$ の特異点

C 上で $f(z)$ 正則

(1)、(2)を**留数定理**という。積分をしなくても積分計算ができる素敵な定理である。

ローラン展開における $\dfrac{1}{z-z_0}$ の係数 a_{-1} は特別なのだ!!

$$f(z) = \dfrac{a_{-m}}{(z-z_0)^m} + \cdots + \dfrac{a_{-3}}{(z-z_0)^3} + \dfrac{a_{-2}}{(z-z_0)^2} + \dfrac{a_{-1}}{(z-z_0)} \\ + a_0 + a_1(z-z_0) + a_2(z-z_0)^2 + \cdots + a_n(z-z_0)^n + \cdots$$

6-5 関数の拡張と解析接続

ある領域 D_0 で定義された正則関数 $f(z)$ をもっと広い領域 D に拡張するとき、拡張された関数はいろいろあるのだろうか。ここでは、そのことを調べてみよう。

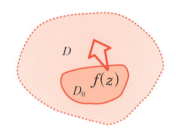

●一致の定理

例えば、実数のある区間 D_0 で定義された 2 次関数 $f(x) = x^2$ を複素平面全体で正則な関数 $g(z)$ に拡張したら、そのような関数 $g(z)$ は複数存在するのだろうか。この疑問に答えてくれるのが次の定理である。

「複素平面上のある領域 D において 2 つの関数 $f(z)$ と $g(z)$ が正則であるとする。このとき、D の内部の領域 D_0 において $f(z) = g(z)$ であれば、領域 D において $f(z) = g(z)$ である。」

これを「**一致の定理**」という。

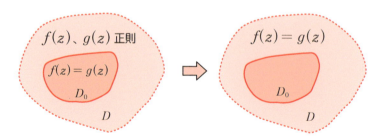

ここで、領域 D_0 は無限の点からなる領域であればなんでもよい。例えば、領域 D_0 を複素平面における実軸上の区間としてもよい。

● 解析接続

この一致の定理から正則関数について次の定理が導かれる。

「**領域 D_0 において定義された関数 $g(z)$ がある。このとき、D_0 を含む広い領域 D において正則で、かつ、D_0 において $f(z) = g(z)$ を満たす $f(z)$ は、もしあるとすれば 1 つに限られる。**」

これが冒頭の疑問に対する答えである。正則とはかなり厳しい条件であるため、この定理が成り立つのである。

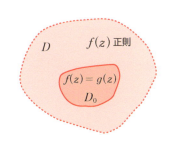

この定理を用いると、一部の領域 D_0 で定義されている正則な関数 $g(z)$ をより広い領域 D で正則な関数に拡張定義したければ、D_0 では $g(z)$ と同じ値をとり、かつ、D で正則な関数 $f(z)$ の存在を示せばよいことになる。関数のこのような拡張方法を **解析接続** というのである。また、関数 $f(z)$ を関数 $g(z)$ の **解析接続**（あるいは **解析的延長**）ともいう。

〔例 1〕

実数で定義された $g(x) = x^2$ に対して、複素数 $z = x + yi$ を変数とする関数 $f(z) = z^2 = (x + yi)^2$ を考えると、$f(z)$ は複素平面全体で正則で、かつ、z が実数 x の場合は $f(x) = g(x)$ を満たす。よって、$f(z) = z^2$ は複素平面全体への $g(x) = x^2$ の解析接続である。

〔例 2〕

実軸上で定義された関数 $g(x) = e^x$ を複素平面全体に解析接続した関数は、$f(z) = e^z = e^{x+yi} = e^x e^{yi} = e^x(\cos y + i \sin y)$ である。なぜならば、$f(z) = e^z$ は複素平

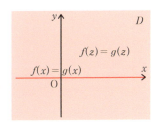

面全体で正則で、実軸上では $y=0$ より $f(z)=e^x$ となり $f(z)=g(z)$ が成立するからである。

〔例3〕

$|z|<1$ で定義された関数

$$g(z)=1+z+z^2+z^3+\cdots \text{ は } |z|<1 \text{ で}$$

正則である（§6-1）。

また、$f(z)=\dfrac{1}{1-z}$ は複素平面全体から

1 を除いた領域 D で正則である。$|z|<1$ で

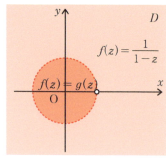

$f(z)=g(z)$ なので、$g(z)$ を複素平面全体から 1 を除いた領域 D に解析接続した関数は $f(z)$ である。

 関数の拡張の一意性を主張する「解析接続」

●一致の定理

「領域 D において2つの関数 $f(z)$、$g(z)$ は正則とする。D 内の領域 D_0 で $f(z)=g(z)$ ならば、領域 D においても $f(z)=g(z)$ となる。」これを「**一致の定理**」という。

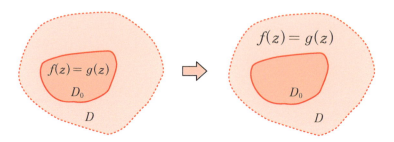

●解析接続

一致の定理から次の性質が導かれる。

「ある領域で定義された正則関数 $g(z)$ に対し、この領域を含む広い

領域に拡張した正則関数 $f(z)$ は、もしあるとすれば1つに限られる」。つまり、正則という条件をつけながら定義域を拡大すると関数は一通りに決まってしまうということである。この性質を利用して、正則関数 $g(z)$ の定義域を広げることを**解析接続**という。つまり、$g(z)$ に対して下図の $f(z)$ は存在すれば1つだけである。

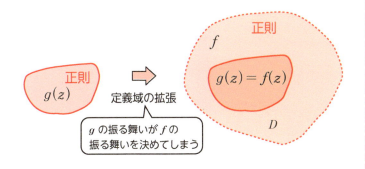

特に、もとの領域が実数でこれを含む広い領域が複素数の場合の解析接続が実関数と複素関数の関係を規定することになる。

エピローグ

橋渡しの最後に

● 専門数学への橋渡し

本書では、まず最初にオイラーの公式

$$e^{i\theta} = \cos\theta + i\sin\theta$$

を定義し、これをもとに指数関数 e^z、三角関数 $\cos z$、$\sin z$ などの具体的な複素関数を定義した。この方が早い段階で高校で学んだ実関数を複素関数に拡張できるからである。これは、**複素関数の入門書でよく用いられる方法である。しかし、複素関数の理論の数学としての自然な構築の仕方は、無限級数を用いて指数関数 e^z や三角関数 $\cos z$、$\sin z$ などを定義し、これからオイラーの公式を導く方法である。**ここでは、本書の最後に、この自然な方法を紹介し高校数学から専門数学への橋渡しを完了したいと思う。

● ベキ級数で複素関数を定義

n を自然数、a_n を複素定数 $p+qi$ としたとき、複素数 $z=x+yi$ を変数とする次の複素関数を考える。

$$a_n z^n = (p+qi)(x+yi)^n$$

この関数は複素数 $p+qi$ と $x+yi$ の四則計算の定義(§1-4)より、その値が複素数として確定する。そこで、この関数をもとに、これらの無限の和で表現される次の関数を考える。

$$f(z) = \sum_{k=0}^{\infty} a_i z^k = a_0 + a_1 z + a_2 z^2 + \cdots + a_k z^k + \cdots$$

ただし、a_i ($i=0, 1, 2, \cdots$)、z は複素数とする。

この関数が収束する(値をもつ)条件や、正則である条件などをいろいろ検討した後、次の関数を考える。

$$g(z) = 1 + \frac{z}{1!} + \frac{z^2}{2!} + \frac{z^3}{3!} + \cdots + \frac{z^n}{n!} + \cdots \quad \cdots\cdots ①$$

すると、この関数 $g(z)$ は z がどんな値でも収束し、しかも、複素平面全体で正則であることがわかる（証明は専門書参照）。

ここで、実関数の世界に戻ると、実関数のマクローリン展開（付録10）により、ネイピアの数 e（$=2.71828\cdots\cdots$）を底とする指数関数 e^x は次のように表現できる。

$$e^x = 1 + x + \frac{x^2}{2!} + \frac{x^3}{3!} + \frac{x^4}{4!} + \cdots\cdots + \frac{x^n}{n!} + \cdots\cdots \quad \cdots\cdots ②$$

すると、実数の世界では①と②の関数値は同じであり、また、この世界ではともに微分可能、つまり、正則である。

したがって、一致の定理から導かれる性質により、①は②を複素数全体に拡張した唯一の複素関数であることがわかる。

「一致の定理」（§6−5）から導かれる性質

領域 D_0（ここでは実数全体）において定義された関数 $g(z)$ がある（ここでは②）。このとき、D_0 を含む広い領域 D（ここでは複素数全体）において正則で、かつ、D_0 において $f(z) = g(z)$ を満たす $f(z)$（ここでは①）は、もしあるとすれば1つに限られる。

そこで、①をもって複素指数関数 e^z を定義するのである。つまり、

$$e^z = 1 + \frac{z}{1!} + \frac{z^2}{2!} + \frac{z^3}{3!} + \cdots + \frac{z^n}{n!} + \cdots \quad \cdots\cdots ③$$

（注）この定義においては虚数 z に対して「e^z は e の z 乗」という意味はない。

●オイラーの公式を導く

$e^z = 1 + \dfrac{z}{1!} + \dfrac{z^2}{2!} + \dfrac{z^3}{3!} + \cdots + \dfrac{z^n}{n!} + \cdots$ のzに純虚数$i\theta$を代入してみよう。

すると、次の関係式を得る。

$$e^{i\theta} = 1 + \frac{i\theta}{1!} + \frac{(i\theta)^2}{2!} + \frac{(i\theta)^3}{3!} + \cdots + \frac{(i\theta)z^n}{n!} + \cdots$$

$$= 1 - \frac{\theta^2}{2!} + \frac{\theta^4}{4!} - \cdots + \left(\frac{\theta}{1!} - \frac{\theta^3}{3!} + \frac{\theta^5}{5!} - \cdots\right)i \quad \cdots\cdots ④$$

ここで、実三角関数の世界に戻ると、実関数のマクローリン展開により、実三角関数$\cos\theta$、$\sin\theta$は次のように表現できる。

$$\sin\theta = \theta - \frac{\theta^3}{3!} + \frac{\theta^5}{5!} - \frac{\theta^7}{7!} + \cdots\cdots \quad \cdots\cdots ⑤$$

$$\cos\theta = 1 - \frac{\theta^2}{2!} + \frac{\theta^4}{4!} - \frac{\theta^6}{6!} + \cdots\cdots \quad \cdots\cdots ⑥$$

④、⑤、⑥より次の**オイラーの公式**を得ることができる。

$$e^{i\theta} = \cos\theta + i\sin\theta \quad \cdots\cdots \quad \text{オイラーの公式}$$

なお、余談だが、このオイラーの公式のθに円周率πを代入すると、

$$e^{i\pi} = -1$$

を得る。これは「**オイラーの等式**」と呼ばれる有名な式で、ネイピアの数eと虚数単位i、それに円周率πの関係を表わした美しい式である。この式を物理学者のリチャード・ファインマンは「人類の至宝」と称えた。

●三角関数の定義

実三角関数のマクローリン展開⑤、⑥をもとに複素三角関数$\cos z$、$\sin z$を次のように定義する。

$$\sin x = x - \frac{x^3}{3!} + \frac{x^5}{5!} - \frac{x^7}{7!} + \cdots\cdots$$

$$\cos x = 1 - \frac{x^2}{2!} + \frac{x^4}{4!} - \frac{x^6}{6!} + \cdots\cdots$$

⬇

$$\sin z = z - \frac{z^3}{3!} + \frac{z^5}{5!} - \frac{z^7}{7!} + \cdots\cdots \quad \cdots\cdots ⑦$$

$$\cos z = 1 - \frac{z^2}{2!} + \frac{z^4}{4!} - \frac{z^6}{6!} + \cdots\cdots \quad \cdots\cdots ⑧$$

これは、一致の定理から導かれる性質により実三角関数から複素三角関数への唯一の拡張である。なお、③式、つまり、

$$e^z = 1 + \frac{z}{1!} + \frac{z^2}{2!} + \frac{z^3}{3!} + \cdots + \frac{z^n}{n!} + \cdots$$

の z に iz、$-iz$ をそれぞれ代入すると

$$e^{iz} = 1 + \frac{iz}{1!} + \frac{(iz)^2}{2!} + \frac{(iz)^3}{3!} + \cdots + \frac{(iz)^n}{n!} + \cdots$$
$$= 1 - \frac{z^2}{2!} + \frac{z^4}{4!} - \cdots + \left(\frac{z}{1!} - \frac{z^3}{3!} + \frac{z^5}{5!} - \cdots\right)i$$

$$e^{-iz} = 1 + \frac{-iz}{1!} + \frac{(-iz)^2}{2!} + \frac{(-iz)^3}{3!} + \cdots + \frac{(-iz)^n}{n!} + \cdots$$
$$= 1 - \frac{z^2}{2!} + \frac{z^4}{4!} - \cdots - \left(\frac{z}{1!} - \frac{z^3}{3!} + \frac{z^5}{5!} - \cdots\right)i$$

となる。よって、この2式と⑦⑧より、

$$e^{iz} = \cos z + i\sin z、\quad e^{-iz} = \cos z - i\sin z$$

を得る。これらの式を $\cos z$、$\sin z$ について解くと

$$\cos z = \frac{e^{iz} + e^{-iz}}{2}、\quad \sin z = \frac{e^{iz} - e^{-iz}}{2i}$$

を得る。これが、$\cos z$、$\sin z$、e^z の関係である。実三角関数 $\sin x$、$\cos x$ と実指数関数 e^x はまったく異なる関数に見えたが、複素関数の世界

では同じ関数の別表現にすぎないことがわかる。

　以上、無限級数をもとに複素数の世界での指数関数を定義し、これをもとにオイラーの公式を導いてきた。本文とあわせて複素関数の理解を深めて頂きたい。なお、級数から複素関数を定義する方法で初学者にわかりやすく解説した本に『道具としての複素関数』（日本実業出版社：涌井貞美著）がある。よろしかったら参照してほしい。

付録

(1) なぜ $e^{i\theta} = \cos\theta + i\sin\theta$ なのか
(2) リーマン積分
(3) コーシー・リーマンの方程式の逆
(4) 全微分
(5) 極形式で表わされたコーシー・リーマンの方程式
(6) $W(z, \bar{z})$ 判定法
(7) 平面におけるグリーンの定理
(8) 2重積分
(9) *ML* 不等式
(10) 実関数のテイラーの定理・マクローリンの定理
(11) 1次分数関数と反転
(12) 多価関数とリーマン面

付録1 なぜ $e^{i\theta} = \cos\theta + i\sin\theta$ なのか

「§2−2 オイラーの公式」では、大きさが1で偏角がθである複素数 $\cos\theta + i\sin\theta$をネイピアの数eを使って$e^{i\theta}$と定義した。しかし、この定義はいささか唐突である。

数学における定義の理由は学習を深めるにつれてわかることがある。しかし、最初の段階で違和感があると、その後の学習がスッキリしないことが多い。そこで、このオイラーの公式については、なぜ、このような定義に至ったかを調べてみることにしよう。

●実数の世界でのテイラー展開を根拠とする（その1）

高校の教科書の範囲ではないが実関数のマクローリン展開というものがある（付録10）。これによると、実数xを変数とする指数関数e^xや三角関数$\sin x$、$\cos x$などは次のような無限の和の形で表現されることになる。

$$e^x = 1 + x + \frac{x^2}{2!} + \frac{x^3}{3!} + \frac{x^4}{4!} + \cdots\cdots + \frac{x^n}{n!} + \cdots\cdots \quad \cdots\cdots ①$$

$$\sin x = x - \frac{x^3}{3!} + \frac{x^5}{5!} - \frac{x^7}{7!} + \cdots\cdots \quad \cdots\cdots ②$$

$$\cos x = 1 - \frac{x^2}{2!} + \frac{x^4}{4!} - \frac{x^6}{6!} + \cdots\cdots \quad \cdots\cdots ③$$

ここで、①の指数関数e^xのxに$i\theta$を代入すると(注)、次の式が成立する。

$$e^{i\theta} = \left(1 - \frac{\theta^2}{2!} + \frac{\theta^4}{4!} - \frac{\theta^6}{6!} + \cdots\right) + i\left(\theta - \frac{\theta^3}{3!} + \frac{\theta^5}{5!} - \frac{\theta^7}{7!} + \cdots\right) \quad \cdots\cdots ④$$

この④の右辺の左側の（　）内は、まさに、③の右辺である。また、この④の右辺の右側の（　）内は、まさに、②の右辺である。したがって、次の式が導き出される。

$$e^{i\theta} = \left(1 - \frac{\theta^2}{2!} + \frac{\theta^4}{4!} - \frac{\theta^6}{6!} + \cdots\right) + i\left(\theta - \frac{\theta^3}{3!} + \frac{\theta^5}{5!} - \frac{\theta^7}{7!} + \cdots\right) = \cos\theta + i\sin\theta$$

もちろん、このことはオイラーの公式の証明ではない。なぜならば、実数の世界で成り立っている式に、強引に虚数を代入したにすぎないからである。しかし、$e^{i\theta} = \cos\theta + i\sin\theta$ と定義する根拠には十分なり得る。

（注）あくまでも「①式の x が虚数 $i\theta$ でも成り立つとして」とか「無限の項の分配法則、交換法則の成立」などの仮定のもとでの話である。

● 微分方程式を根拠とする（その2）

複素数 z は複素平面で考えると、原点 O から z までの距離 r と、実軸からの回転角 θ を用いて次のように表わすことができる。

$$z = r(\cos\theta + i\sin\theta)$$

つまり、極形式表示である。ここで、$\cos\theta + i\sin\theta$ は θ の関数なので、これを $f(\theta)$ と書くことにしよう。つまり、

$$f(\theta) = \cos\theta + i\sin\theta \quad \cdots\cdots ⑤$$

この $f(\theta)$ を、i を実数定数のように考えて$^{(注)}$、θ で微分すると、

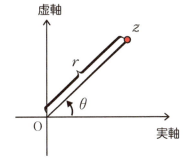

$$\frac{d}{d\theta}f(\theta) = -\sin\theta + i\cos\theta$$
$$= i(\cos\theta + i\sin\theta) = if(\theta)$$

（注）虚数単位 i を含んだ式の微分をまだ扱っていない。

また、$f(0) = \cos 0 + i\sin 0 = 1$

つまり、関数 $f(\theta)$ は次の微分方程式を満たすことになる。

$$\frac{d}{d\theta}f(\theta) = if(\theta)、\quad f(0) = 1 \quad \cdots\cdots ⑥$$

ここで、実関数 $f(x)$ で次の微分方程式を満たす関数を考えてみよう。

$$\frac{d}{dx}f(x) = af(x)、f(0) = 1 \quad \cdots\cdots ⑦$$

これを満たす関数 $f(x)$ は $f(x) = e^{ax}$ である。そこで、⑦の a に i を代入すると、$\frac{d}{dx}f(x) = if(x)、f(0) = 1 \quad \cdots\cdots ⑧$
となり、これは、⑥と一致する（変数名は x、θ と異なるが問題ではない）。

よって、⑥を満たす関数は形式的に $f(\theta) = e^{i\theta}\cdots\cdots⑨$ と考えられる。これと⑤をあわせれば $e^{i\theta} = \cos\theta + i\sin\theta \cdots\cdots⑩$ を得る。なお、「形式的に」という限定は、指数が虚数である指数関数は、まだ、この段階で定義されていないからである。

● e^θ と $f(\theta) = e^{i\theta}$ は似て非なるもの

e^θ は θ が実数値をとって変化すると、これは、単調増加な単純なグラフになる。しかし、$f(\theta) = e^{i\theta}$ については、そんな単純なものではない。例えば、⑨、⑩からわかるように $f(\theta + 2\pi) = f(\theta)$ なので、$f(\theta) = e^{i\theta}$ は周期 2π の周期関数になる。θ が実数値をとって変化すると $f(\theta) = e^{i\theta}$ の値は複素平面上の原点を中心とする単位円上を 2π を周期としてグルグル回ってしまうのである。

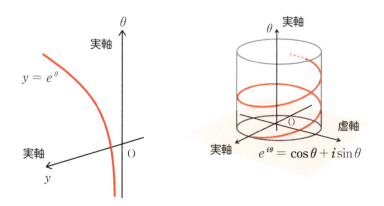

付録2 リーマン積分

以下に、リーマンによる積分の定義を掲載しておこう。

関数 $f(x)$ が閉区間 $[a, b]$ で定義されているものとする。いま、$[a, b]$ を n 個の小区間に分ける。すなわち、

$$a = x_0 < x_1 < x_2 < \cdots < x_{n-1} < x_n = b \quad \cdots\cdots ①$$

を満足する $n+1$ 個の点 x_0、x_1、x_2、x_3、…、x_{n-1}、x_n をきめて $[a, b]$ を n 個の区間 $[x_0, x_1]$、$[x_1, x_2]$、$[x_2, x_3]$、…、$[x_{n-1}, x_n]$ に分ける（右図）。ここで、隣り合う区間は端点を共有しているが、各小区間の長さ x_1-x_0、x_2-x_1、x_3-x_2、…、x_n-x_{n-1} は必ずしも等しくない。いま、各小区間 $[x_0, x_1]$、$[x_1, x_2]$、

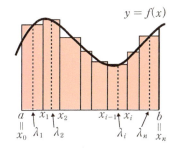

$[x_2, x_3]$、…、$[x_{n-1}, x_n]$ から、それに属する点 λ_1、λ_2、λ_3、…、λ_{n-1}、λ_n をそれぞれ1つずつ選ぶ。すなわち、

$$x_{i-1} \leqq \lambda_i \leqq x_i \quad (i = 1, 2, 3, \cdots, n)$$

であるような実数 λ_i を選ぶ。このとき、次の和

$$\sum_{i=1}^{n} f(\lambda_i) \Delta x_i \quad \cdots\cdots ② \quad \text{ただし、} \Delta x_i = x_i - x_{i-1}$$

を考える。この分割①を、各小区間 $[x_i, x_{i-1}]$ の長さ $\Delta x_i = x_i - x_{i-1}$ が限りなく小さくなるように細かくしていくとき、λ_i を小区間 $[x_i, x_{i-1}]$ からどのように選んだとしても、上記の和②が常に一定の値に近づいていくとき、関数 $f(x)$ は区間 $[a, b]$ で **積分可能** であるといい、その一定の値を記号 $\int_a^b f(x)dx$ で表わす。これがリーマン積分の定義である。

付録3 コーシー・リーマンの方程式の逆

$f(z) = u(x, y) + iv(x, y)$ が正則ならばコーシー・リーマンの方程式が成り立つ（§4-4）。ここでは、逆に、コーシー・リーマンの方程式が成り立てば $f(z) = u(x, y) + iv(x, y)$ が正則であることを示そう。

$u(x, y)$、$v(x, y)$ は2変数実関数だから全微分（付録4参照）の考え方より、

$$du = \frac{\partial u}{\partial x}dx + \frac{\partial u}{\partial y}dy、\quad dv = \frac{\partial v}{\partial x}dx + \frac{\partial v}{\partial y}dy$$

ゆえに、

$$df = du + idv = \frac{\partial u}{\partial x}dx + \frac{\partial u}{\partial y}dy + i\left(\frac{\partial v}{\partial x}dx + \frac{\partial v}{\partial y}dy\right)$$

ここで、コーシー・リーマンの方程式 $\frac{\partial u}{\partial x} = \frac{\partial v}{\partial y}$、$\frac{\partial u}{\partial y} = -\frac{\partial v}{\partial x}$ より

$$df = \frac{\partial u}{\partial x}dx + \frac{\partial u}{\partial y}dy + i\left(\frac{\partial v}{\partial x}dx + \frac{\partial v}{\partial y}dy\right)$$

$$= \frac{\partial u}{\partial x}dx - \frac{\partial v}{\partial x}dy + i\left(\frac{\partial v}{\partial x}dx + \frac{\partial u}{\partial x}dy\right)$$

$$= \frac{\partial u}{\partial x}(dx + idy) + i\frac{\partial v}{\partial x}(dx + idy)$$

$dz = dx + idy$ であることより、$df = \frac{\partial u}{\partial x}dz + i\frac{\partial v}{\partial x}dz$ となる。

ゆえに、$\frac{df}{dz} = \frac{\partial u}{\partial x} + i\frac{\partial v}{\partial x}$ となり $f(z)$ の導関数を得ることができる。

（注）厳密には、$u(x, y)$、$v(x, y)$ は偏微分可能で、$\frac{\partial u}{\partial x}$、$\frac{\partial u}{\partial y}$、$\frac{\partial v}{\partial x}$、$\frac{\partial v}{\partial y}$ は各々連続であるという条件をつける必要がある。

付録 4 全微分

1変数関数 $f(x)$ の場合 $\dfrac{df}{dx} = f'(x)$ より関数 f の微分 df は導関数 $f'(x)$ と独立変数 x の微分 dx を用いて

$$df = f'(x)dx \quad \cdots\cdots ①$$

と書き表わされる(右図)。

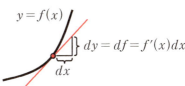

それでは、2変数関数 $f(x, y)$ の場合、①に相当する量は何だろうか。

●2変数関数 $f(x, y)$ の全微分

まずは、2変数関数 $z = f(x, y)$ をグラフで見てみよう。点 $\mathrm{P}(x, y)$ における関数値は $z = f(x, y)$ である。点 $\mathrm{P}(x, y)$ から x 軸方向に $\varDelta x$、y 軸方向に $\varDelta y$ だけ移動した点 $\mathrm{Q}(x + \varDelta x, y + \varDelta y)$ における関数値は $f(x + \varDelta x, y + \varDelta y)$ である。

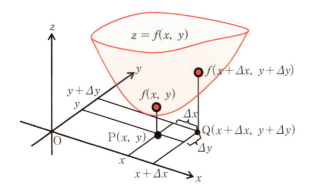

したがって、x と y がともに $\varDelta x$、$\varDelta y$ 変化したときの関数 f の増分 $\varDelta f$ は次のように書ける。

$$\varDelta f = f(x + \varDelta x, y + \varDelta y) - f(x, y)$$

この式は次のように変形できる。

$$\Delta f = f(x+\Delta x,\ y+\Delta y) - f(x,\ y)$$
$$= f(x+\Delta x,\ y+\Delta y) - f(x,\ y+\Delta y) + f(x,\ y+\Delta y) - f(x,\ y)$$
$$= \frac{f(x+\Delta x,\ y+\Delta y) - f(x,\ y+\Delta y)}{\Delta x}\Delta x + \frac{f(x,\ y+\Delta y) - f(x,\ y)}{\Delta y}\Delta y$$

ここで、Δx と Δy が十分小さければ、

$$\frac{f(x+\Delta x,\ y+\Delta y) - f(x,\ y+\Delta y)}{\Delta x} \fallingdotseq \frac{\partial f}{\partial x},\ \frac{f(x,\ y+\Delta y) - f(x,\ y)}{\Delta y} \fallingdotseq \frac{\partial f}{\partial y}$$

とみなせるので、$\Delta f \fallingdotseq \dfrac{\partial f}{\partial x}\Delta x + \dfrac{\partial f}{\partial y}\Delta y$

となる。この右辺を 2 変数関数 $f(x,\ y)$ の**全微分**といい df と書く。

つまり、$df = \dfrac{\partial f}{\partial x}\Delta x + \dfrac{\partial f}{\partial y}\Delta y$ ……②

1 変数の場合と同様、2 変数関数 $f(x,\ y)$ の独立変数 x、y では微分 dx、dy と差分 Δx、Δy は同じである（§3-3）。したがって②は次のように書ける。

$$df = \frac{\partial f}{\partial x}dx + \frac{\partial f}{\partial y}dy$$

（注）微分、差分については §3-3 参照。

〔例〕 $f(x,\ y) = x^2 - xy + y^2$ について全微分 df を求めてみよう。

$$df = \frac{\partial f}{\partial x}dx + \frac{\partial f}{\partial y}dy = (2x-y)dx + (-x+2y)dy$$

●全微分を図形的に理解しよう

関数 $f(x,\ y)$ の全微分の図形的意味を調べてみよう。

偏微分 $\dfrac{\partial f}{\partial x}$ は点 P における x 軸方向の f の変化率であり、$\dfrac{\partial f}{\partial x}\Delta x$ は x 軸方向に Δx だけ変化した際の関数 $f(x,\ y)$ の微分となる。また、偏微分 $\dfrac{\partial f}{\partial y}$ は点 P における y 軸方向の f の変化率であり、$\dfrac{\partial f}{\partial y}\Delta y$ は y 軸方向に

Δy だけ変化した際の関数 $f(x, y)$ の微分となる。ここで、Δx と Δy がともに十分小さければ、グラフの色網曲面部分はほぼグレーの平行四辺形と重なるので $f(x, y)$ の差分 Δf において次の式が成り立つ。

$$\Delta f = f(x+\Delta x,\ y+\Delta y) - f(x,\ y) \fallingdotseq \frac{\partial f}{\partial x}\Delta x + \frac{\partial f}{\partial y}\Delta y$$

$$= \frac{\partial f}{\partial x}dx + \frac{\partial f}{\partial y}dy$$

この式の右辺の $\frac{\partial f}{\partial x}dx + \frac{\partial f}{\partial y}dy$ が関数 $f(x, y)$ の全微分 df である。

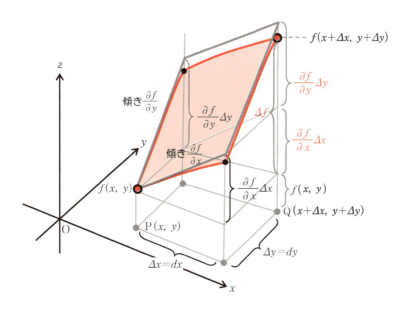

（注）3変数関数 $f(x, y, z)$ の全微分は $df = \frac{\partial f}{\partial x}dx + \frac{\partial f}{\partial y}dy + \frac{\partial f}{\partial z}dz$ となる。

付録5 極形式で表わされたコーシー・リーマンの方程式

複素数 $z = x + yi$ は極形式で $z = r(\cos\theta + i\sin\theta)$ と表現される。このとき、$x = r\cos\theta$、$y = r\sin\theta$ となり、x と y は r と θ の関数となる。したがって、$f(z) = u(x, y) + iv(x, y)$ における $u(x, y)$ と $v(x, y)$ は r と θ の関数になる。ゆえに、§3-7 より

$$\frac{\partial u}{\partial r} = \frac{\partial u}{\partial x}\frac{\partial x}{\partial r} + \frac{\partial u}{\partial y}\frac{\partial y}{\partial r} = \frac{\partial u}{\partial x}\cos\theta + \frac{\partial u}{\partial y}\sin\theta \quad \cdots\cdots ①$$

$$\frac{\partial u}{\partial \theta} = \frac{\partial u}{\partial x}\frac{\partial x}{\partial \theta} + \frac{\partial u}{\partial y}\frac{\partial y}{\partial \theta} = \frac{\partial u}{\partial x}(-r\sin\theta) + \frac{\partial u}{\partial y}(r\cos\theta) \quad \cdots\cdots ②$$

$$\frac{\partial v}{\partial r} = \frac{\partial v}{\partial x}\frac{\partial x}{\partial r} + \frac{\partial v}{\partial y}\frac{\partial y}{\partial r} = \frac{\partial v}{\partial x}\cos\theta + \frac{\partial v}{\partial y}\sin\theta \quad \cdots\cdots ③$$

$$\frac{\partial v}{\partial \theta} = \frac{\partial v}{\partial x}\frac{\partial x}{\partial \theta} + \frac{\partial v}{\partial y}\frac{\partial y}{\partial \theta} = \frac{\partial v}{\partial x}(-r\sin\theta) + \frac{\partial v}{\partial y}(r\cos\theta) \quad \cdots\cdots ④$$

また、$f(z)$ が正則である条件は

$$\frac{\partial u}{\partial x} = \frac{\partial v}{\partial y}、\quad \frac{\partial u}{\partial y} = -\frac{\partial v}{\partial x} \quad \cdots\cdots ⑤$$

②、③、⑤より

$$\frac{1}{r}\frac{\partial u}{\partial \theta} = (-\sin\theta)\frac{\partial u}{\partial x} + (\cos\theta)\frac{\partial u}{\partial y}$$

$$= (-\sin\theta)\frac{\partial v}{\partial y} + (\cos\theta)\left(-\frac{\partial v}{\partial x}\right) = -\frac{\partial v}{\partial r} \quad \cdots\cdots ⑥ を得る。$$

また、①、④、⑤より

$$\frac{1}{r}\frac{\partial v}{\partial \theta} = (-\sin\theta)\frac{\partial v}{\partial x} + (\cos\theta)\frac{\partial v}{\partial y}$$

$$= (\sin\theta)\frac{\partial u}{\partial y} + (\cos\theta)\frac{\partial u}{\partial x} = \frac{\partial u}{\partial r} \quad \cdots\cdots ⑦ を得る。$$

よって、⑥、⑦より、次の**極形式で表わされたコーシー・リーマンの方**

程式を得る。

$$\frac{\partial u}{\partial r} = \frac{1}{r}\frac{\partial v}{\partial \theta}、\quad \frac{1}{r}\frac{\partial u}{\partial \theta} = -\frac{\partial v}{\partial r} \quad \cdots\cdots ⑧ \quad (\textcolor{red}{\textbf{コーシー・リーマンの方程式}})$$

なお、このとき導関数 $f'(z)$ はどうなるのだろうか。

①より $\quad \dfrac{\partial u}{\partial r} = \dfrac{\partial u}{\partial x}\cos\theta + \dfrac{\partial u}{\partial y}\sin\theta \quad \cdots\cdots ⑨$

②より $\quad \dfrac{\partial u}{\partial \theta} = \dfrac{\partial u}{\partial x}(-r\sin\theta) + \dfrac{\partial u}{\partial y}(r\cos\theta) \quad \cdots\cdots ⑩$

⑨$\times r \times \cos\theta - $⑩$\times \sin\theta$　より、

$$r\frac{\partial u}{\partial r}\cos\theta - \frac{\partial u}{\partial \theta}\sin\theta$$
$$= r\frac{\partial u}{\partial x}\cos^2\theta + r\frac{\partial u}{\partial y}\sin\theta\cos\theta + r\frac{\partial u}{\partial x}\sin^2\theta - r\frac{\partial u}{\partial y}\sin\theta\cos\theta$$
$$= r\frac{\partial u}{\partial x}$$

ゆえに、$\dfrac{\partial u}{\partial x} = \dfrac{\partial u}{\partial r}\cos\theta - \dfrac{1}{r}\dfrac{\partial u}{\partial \theta}\sin\theta$

これと⑧より $\dfrac{\partial u}{\partial x} = \dfrac{\partial u}{\partial r}\cos\theta + \dfrac{\partial v}{\partial r}\sin\theta \quad \cdots\cdots ⑪$

次に、$\dfrac{\partial v}{\partial x}$ を求めてみよう。

③より $\quad \dfrac{\partial v}{\partial r} = \dfrac{\partial v}{\partial x}\cos\theta + \dfrac{\partial v}{\partial y}\sin\theta \quad \cdots\cdots ⑫$

④より $\quad \dfrac{\partial v}{\partial \theta} = \dfrac{\partial v}{\partial x}(-r\sin\theta) + \dfrac{\partial v}{\partial y}(r\cos\theta) \quad \cdots\cdots ⑬$

⑫$\times r \times \cos\theta - $⑬$\times \sin\theta$　より

$$r\frac{\partial v}{\partial r}\cos\theta - \frac{\partial v}{\partial \theta}\sin\theta$$
$$= r\frac{\partial v}{\partial x}\cos^2\theta + r\frac{\partial v}{\partial y}\sin\theta\cos\theta + r\frac{\partial v}{\partial x}\sin^2\theta - r\frac{\partial v}{\partial y}\sin\theta\cos\theta$$
$$= r\frac{\partial v}{\partial x}$$

付録

ゆえに、$\dfrac{\partial v}{\partial x} = \dfrac{\partial v}{\partial r}\cos\theta - \dfrac{1}{r}\dfrac{\partial v}{\partial \theta}\sin\theta$

これと⑧より $\dfrac{\partial v}{\partial x} = \dfrac{\partial v}{\partial r}\cos\theta - \dfrac{\partial u}{\partial r}\sin\theta$ ……⑭

⑪、⑭を $f'(z) = \dfrac{\partial u}{\partial x} + i\dfrac{\partial v}{\partial x}$ ……（§4-4）に代入すると

$$f'(z) = \dfrac{\partial u}{\partial r}\cos\theta + \dfrac{\partial v}{\partial r}\sin\theta + i\left(\dfrac{\partial v}{\partial r}\cos\theta - \dfrac{\partial u}{\partial r}\sin\theta\right)$$

$$= \dfrac{\partial u}{\partial r}(\cos\theta - i\sin\theta) + \dfrac{\partial v}{\partial r}(\sin\theta + i\cos\theta)$$

$$= \dfrac{\partial u}{\partial r}(\cos\theta - i\sin\theta) + i\dfrac{\partial v}{\partial r}(\cos\theta - i\sin\theta)$$

$$= \left(\dfrac{\partial u}{\partial r} + i\dfrac{\partial v}{\partial r}\right)(\cos\theta - i\sin\theta) = e^{-i\theta}\left(\dfrac{\partial u}{\partial r} + i\dfrac{\partial v}{\partial r}\right)$$

つまり、$f'(z) = e^{-i\theta}\left(\dfrac{\partial u}{\partial r} + i\dfrac{\partial v}{\partial r}\right)$ となる。

〔例〕次の関数は正則かどうか調べ、正則ならば導関数を求めなさい。

(1) $f(x) = z^2$

(2) $f(x) = |z|^2$

（解）

以下の解と第4章 §4-4「微分可能とコーシー・リーマンの方程式」での〔例〕における解を比較してみよう。

(1) $z = r(\cos\theta + i\sin\theta)$ のとき $f(z) = z^2 = r^2(\cos 2\theta + i\sin 2\theta)$

これは $f(z) = u(r, \theta) + iv(r, \theta)$ において、$u(r, \theta) = r^2\cos 2\theta$、$v(r, \theta) = r^2\sin 2\theta$ と考えられる。このとき、

$$\dfrac{\partial u}{\partial r} = 2r\cos 2\theta、\quad \dfrac{1}{r}\dfrac{\partial v}{\partial \theta} = 2r\cos 2\theta$$

$$\dfrac{1}{r}\dfrac{\partial u}{\partial \theta} = -2r\sin 2\theta、\quad -\dfrac{\partial v}{\partial r} = -2r\sin 2\theta$$

このため、コーシー・リーマンの方程式 $\dfrac{\partial u}{\partial r} = \dfrac{1}{r}\dfrac{\partial v}{\partial \theta}$、$\dfrac{1}{r}\dfrac{\partial u}{\partial \theta} = -\dfrac{\partial v}{\partial r}$ を

満たす。よって、$f(z) = z^2$ は複素数全体で正則な関数である。

このとき $f'(z)$ は、

$$f'(z) = e^{-i\theta}\left(\frac{\partial u}{\partial r} + i\frac{\partial v}{\partial r}\right) = e^{-i\theta}(2r\cos 2\theta + i \times 2r\sin 2\theta)$$

$$= 2re^{-i\theta}e^{2i\theta} = 2re^{i\theta} = 2z$$

(2) $z = r(\cos\theta + i\sin\theta)$ のとき $f(z) = |z|^2 = r^2$

これは $f(z) = u(r, \theta) + iv(r, \theta)$ において、

$u(r, \theta) = r^2$、$v(r, \theta) = 0$

と考えられる。このとき $\dfrac{\partial u}{\partial r} = 2r$、$\dfrac{1}{r}\dfrac{\partial v}{\partial \theta} = 0$、$\dfrac{1}{r}\dfrac{\partial u}{\partial \theta} = 0$、$-\dfrac{\partial v}{\partial r} = 0$ なので、コーシー・リーマンの方程式の1つ $\dfrac{\partial u}{\partial r} = \dfrac{1}{r}\dfrac{\partial v}{\partial \theta}$ を満たす z は $r = 0$ より、$z = 0$ のみである。よって、$f(z) = |z|^2$ はいたるところ正則な関数ではない。

付録6 $W(z, \bar{z})$判定法

複素関数 $f(z)$ が正則かどうかは、コーシー・リーマンの方程式（§4-4）を満たすかどうかで判定できた。ここでは、複素関数 $f(z)$ が $\bar{z}$ を含まなければ $f(z)$ は正則関数であると判定する「**$W(z, \bar{z})$判定法**」を紹介しよう。

● 新たな微分演算を考える

複素関数 $f(z)$ は $z = x + yi$ と表現すると、次のように書ける。
$$f(z) = f(x, y) = u(x, y) + iv(x, y)$$
ただし、$u(x, y)$、$v(x, y)$ は x と y の2変数実関数で、x と y は独立変数である。

ここで $\psi = \dfrac{1}{2}\left(\dfrac{\partial}{\partial x} + i\dfrac{\partial}{\partial y}\right)$ という微分演算を考えることにする。複素関数 $f(z) = u(x, y) + iv(x, y)$ に対して、この微分演算 $\psi = \dfrac{1}{2}\left(\dfrac{\partial}{\partial x} + i\dfrac{\partial}{\partial y}\right)$ を行なうと、次のようになる。

$$\psi f = \frac{1}{2}\left(\frac{\partial}{\partial x} + i\frac{\partial}{\partial y}\right)f = \frac{1}{2}\left(\frac{\partial}{\partial x} + i\frac{\partial}{\partial y}\right)(u + iv)$$

$$= \frac{1}{2}\left\{\frac{\partial}{\partial x}(u+iv) + i\frac{\partial}{\partial y}(u+iv)\right\} = \frac{1}{2}\left\{\frac{\partial u}{\partial x} + i\frac{\partial v}{\partial x} + i\frac{\partial u}{\partial y} + i^2\frac{\partial v}{\partial y}\right\}$$

$$= \frac{1}{2}\left\{\left(\frac{\partial u}{\partial x} - \frac{\partial v}{\partial y}\right) + i\left(\frac{\partial u}{\partial y} + \frac{\partial v}{\partial x}\right)\right\} \quad \cdots\cdots ①$$

ここで、複素関数 $f(z) = u(x, y) + iv(x, y)$ が正則であるための必要十分条件は、次のコーシー・リーマンの方程式②（§4-4）を満たすことである。

$$\frac{\partial u}{\partial x} = \frac{\partial v}{\partial y}、\quad \frac{\partial u}{\partial y} = -\frac{\partial v}{\partial x} \quad \cdots\cdots ②$$

そこで、①において、
$$\psi f = 0 \quad \cdots\cdots ③$$
とすると、③が成り立てば②が成り立ち、逆に、②が成り立てば③が成り立つので③と②は同値である。したがって、

「複素関数 $f(z) = u(x, y) + iv(x, y)$ が正則」

であるための必要十分条件は「$\psi f = 0$」である。

（注）ψ は「プサイ」と呼ぶ。

● 複素関数 $f(z)$ を形式的に $\bar{z}$ で偏微分する

複素数 $z = x + yi$ の共役複素数は $\bar{z} = x - yi$ である。したがって、
$$x = \frac{z + \bar{z}}{2}, \quad y = \frac{z - \bar{z}}{2i}$$

と書ける。よって、複素関数 $f(z) = f(x, y) = u(x, y) + iv(x, y)$ は、z と $\bar{z}$ の関数である。ただし、z と $\bar{z}$ は独立でないため複素関数 $f(z)$ を z や $\bar{z}$ で偏微分することはできない。しかし、形式的に複素関数 $f(z)$ を $\bar{z}$ で偏微分すると次の式を得る。

$$\frac{\partial f}{\partial \bar{z}} = \frac{\partial f}{\partial x}\frac{\partial x}{\partial \bar{z}} + \frac{\partial f}{\partial y}\frac{\partial y}{\partial \bar{z}} = \frac{\partial f}{\partial x}\frac{1}{2} + \frac{\partial f}{\partial y}\left(\frac{-1}{2i}\right)$$
$$= \frac{1}{2}\left(\frac{\partial f}{\partial x} + i\frac{\partial f}{\partial y}\right) \quad \cdots\cdots ④$$

● $W(z, \bar{z})$ 判定法

複素関数 $f(z) = u(x, y) + iv(x, y)$ が正則であるための必要十分条件は
$$\psi f = \frac{1}{2}\left(\frac{\partial}{\partial x} + i\frac{\partial}{\partial y}\right)f = \frac{1}{2}\left(\frac{\partial f}{\partial x} + i\frac{\partial f}{\partial y}\right) = 0$$

であるが、これは④を用いると $\dfrac{\partial f}{\partial \bar{z}} = 0$ と書ける。つまり、複素関数 $f(z)$ を z と $\bar{z}$ を独立とみなして形式的に $\bar{z}$ で偏微分したものが0であれば、複素関数 $f(z)$ は正則ということになる。$\bar{z}$ で偏微分して0になると

いうことは $f(z)$ は $\bar{z}$ を含んでいないことである。したがって「**複素関数 $f(z)$ が $\bar{z}$ を含まなければ、$f(z)$ は正則**」ということになる。このことを用いて複素関数 $f(z)$ の正則を判定する方法を **$W(z, \bar{z})$ 判定法**というのである。

〔例〕 次の関数は正則かどうか判定しなさい。

(1) $f(z) = z^3$

(2) $f(z) = (\bar{z})^2$

(3) $f(z) = \dfrac{1}{z}$

(4) $f(z) = |z|^2$

(5) $f(z) = x + y + (2x + 3y)i$

(解) $x = \dfrac{z + \bar{z}}{2}$、$y = \dfrac{z - \bar{z}}{2i}$ を利用する

(1) $f(z) = z^3$ は $\bar{z}$ を含んでいないので正則である。

(2) $f(z) = (\bar{z})^2$ は $\bar{z}$ を含んでいるので $f(z)$ は正則でない。

(3) $f(z) = \dfrac{1}{z}$ は $\bar{z}$ を含んでいないので正則である。ただし、$z \neq 0$

(4) $f(z) = |z|^2$ は一見 $\bar{z}$ を含んでいないように見えるが、$|z|^2 = z\bar{z}$ なので正則でない。

(5) $f(z) = x + y + (2x + 3y)i = \left(\dfrac{z + \bar{z}}{2}\right) + \left(\dfrac{z - \bar{z}}{2i}\right) + \left(2\dfrac{z + \bar{z}}{2} + 3\dfrac{z - \bar{z}}{2i}\right)i$

$= \left(2 + \dfrac{1}{2}i\right)z + \left(-1 + \dfrac{3}{2}i\right)\bar{z}$

$f(z)$ は $\bar{z}$ を含んでいるので、$f(z)$ は正則でない。

付録 7 平面におけるグリーンの定理

　実関数の世界での線積分（§5-1）と2重積分（付録8参照）の関係を表現したものに「平面におけるグリーンの定理」がある。本書ではこの定理を用いて「コーシーの積分定理」を証明している（§5-5）。

　xy平面における領域をD、その領域Dを囲む閉曲線をCとし、この領域Dと閉曲線Cの上で2変数実関数$P(x, y)$、$Q(x, y)$、$\dfrac{\partial P}{\partial y}$、$\dfrac{\partial Q}{\partial x}$はそれぞれ連続な関数とする。このとき、次の関係が成立する。

$$\int_C (Pdx + Qdy) = \iint_D \left(\frac{\partial Q}{\partial x} - \frac{\partial P}{\partial y} \right) dxdy \quad \cdots\cdots ①$$

　これを、**平面におけるグリーンの定理**という。ここで、閉曲線Cの向きは、領域Dを左手に見て一周するものとする。

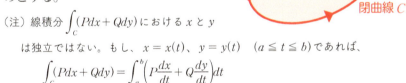

領域D　閉曲線C

（注）線積分$\int_C (Pdx + Qdy)$におけるxとyは独立ではない。もし、$x = x(t)$、$y = y(t)$　$(a \leqq t \leqq b)$であれば、

$$\int_C (Pdx + Qdy) = \int_a^b \left(P\frac{dx}{dt} + Q\frac{dy}{dt} \right) dt$$

● 具体例で平面におけるグリーンの定理を使ってみよう

　例えば、閉曲線Cをxy平面における領域$D : 1 \leqq x \leqq 2$、$0 \leqq y \leqq 2$を囲む閉曲線とするとき、線積分$\int_C (xydx + x^2ydy)$を計算してみよう。これは、①の左辺において、$P(x, y) = xy$、$Q(x, y) = x^2y$の場合である。すると、$\dfrac{\partial P}{\partial y} = x$、$\dfrac{\partial Q}{\partial x} = 2xy$となる。したがって、グリーンの定理①から、

$$\int_C (xydx + x^2ydy) = \iint_D (2xy - x)dxdy$$

ここで、右辺の計算（付録8）は、

$$\iint_D (2xy - x)dxdy = \int_0^2 \left(\int_1^2 (2y-1)x dx \right) dy$$

$$= \int_0^2 \left[(2y-1)\frac{x^2}{2} \right]_1^2 dy$$

$$= \frac{3}{2} \int_0^2 (2y-1)dy = \frac{3}{2} \left[y^2 - y \right]_0^2 = 3$$

したがって、$\int_C (xydx + x^2 ydy) = 3$ となる。

なお、参考までに、グリーンの定理を使わずに $\int_C (xydx + x^2 ydy)$ の計算をすると次のようになる。

$$\int_C (xydx + x^2 ydy) = \int_{PQ}(xydx + x^2 ydy) + \int_{QR}(xydx + x^2 ydy)$$
$$+ \int_{RS}(xydx + x^2 ydy) + \int_{SP}(xydx + x^2 ydy)$$

ここで、

$$\int_{PQ}(xydx + x^2 ydy) = \int_{PQ}(0 \times dx + 0 \times 0) \quad \cdots\cdots \text{PQ 上では } dy = 0$$
$$= \int_1^2 0 \times dx = 0$$

$$\int_{QR}(xydx + x^2 ydy) = \int_{QR}(2y \times 0 + 4ydy) \quad \cdots\cdots \text{QR 上では } dx = 0$$
$$= \int_0^2 4ydy = \left[2y^2 \right]_0^2 = 8$$

$$\int_{RS}(xydx + x^2 ydy) = \int_{RS}(2xdx + 2x^2 \times 0) \quad \cdots\cdots dy = 0$$
$$= \int_2^1 2xdx = \left[x^2 \right]_2^1 = -3$$

$$\int_{SP}(xydx + x^2 ydy) = \int_{SP}(y \times 0 + ydy) \quad \cdots\cdots dx = 0$$
$$= \int_2^0 ydy = \left[\frac{1}{2}y^2 \right]_2^0 = -2$$

ゆえに、$\int_C (xydx + x^2ydy) = 0 + 8 - 3 - 2 = 3$

これは、$\iint_D (2xy - x)dxdy = 3$ と一致する。

●平面におけるグリーンの定理の成立理由を調べる

まずは、$\int_C (Pdx + Qdy) = \iint_D \left(\frac{\partial Q}{\partial x} - \frac{\partial P}{\partial y} \right) dxdy$ ……① を次の場合に調べてみる。つまり、xy 平面における同じ領域 D が

「$a \leqq x \leqq b$、$f_2(x) \leqq y \leqq f_1(x)$」……②(左下図)

と「$c \leqq y \leqq d$、$g_2(y) \leqq x \leqq g_1(y)$」……③(右下図)

の2通りに表現できる場合を考えてみる。

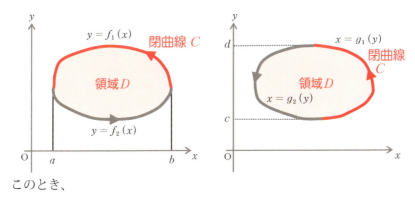

このとき、

$$\iint_D \frac{\partial P}{\partial y} dxdy = \int_a^b \left(\int_{f_2(x)}^{f_1(x)} \frac{\partial P}{\partial y} dy \right) dx = \int_a^b [P(x, y)]_{f_2(x)}^{f_1(x)} dx$$

$$= \int_a^b \{P(x, f_1(x)) - P(x, f_2(x))\} dx$$

$$= -\left\{ \int_a^b P(x, f_2(x))dx - \int_a^b P(x, f_1(x))dx \right\}$$

$$= -\left\{ \int_a^b P(x, f_2(x))dx + \int_b^a P(x, f_1(x))dx \right\}$$

$$= -\int_C P(x, y)dx \quad \text{……④}$$

となる。また、

$$\iint_D \frac{\partial Q}{\partial x} dxdy = \int_c^d \left(\int_{g_2(y)}^{g_1(y)} \frac{\partial Q}{\partial x} dx \right) dy = \int_c^d [Q(x,\ y)]_{g_2(y)}^{g_1(y)} dy$$
$$= \int_c^d \{Q(g_1(y),\ y) - Q(g_2(y),\ y)\} dy$$
$$= \left\{ \int_c^d Q(g_1(y),\ y) dy + \int_d^c Q(g_2(y),\ y) dy \right\}$$
$$= \int_C Q(x,\ y) dy \quad \cdots\cdots ⑤$$

よって、④ + ⑤ より平面におけるグリーンの定理①式が成立する。

なお、領域 D が下図のような場合には、②や③のように領域 D を表現することはできない。しかし、このようなときには領域 D を分割して、各領域で②、③の表現ができるようにすればよい。このとき、各領域ではグリーンの定理が成り立つので、各部分領域で成り立っているグリーンの定理を足し合わせればよい。

$$\int_{C_1} (Pdx + Qdy) = \iint_{D_1} \left(\frac{\partial Q}{\partial x} - \frac{\partial P}{\partial y} \right) dxdy$$

$$\int_{C_2} (Pdx + Qdy) = \iint_{D_2} \left(\frac{\partial Q}{\partial x} - \frac{\partial P}{\partial y} \right) dxdy$$

$$\int_{C_3} (Pdx + Qdy) = \iint_{D_3} \left(\frac{\partial Q}{\partial x} - \frac{\partial P}{\partial y} \right) dxdy$$

$$\int_{C_4} (Pdx + Qdy) = \iint_{D_4} \left(\frac{\partial Q}{\partial x} - \frac{\partial P}{\partial y} \right) dxdy$$

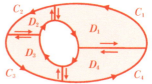

線積分の向きは領域を左手に見て進むものとする。また、C_k は部分領域 D_k を囲む閉曲線とする。

これを足し合わせたもの同士は等しいが、その右辺は次のように領域 D での二重積分となる。

$$\iint_{D_1} \left(\frac{\partial Q}{\partial x} - \frac{\partial P}{\partial y} \right) dxdy + \iint_{D_2} \left(\frac{\partial Q}{\partial x} - \frac{\partial P}{\partial y} \right) dxdy + \iint_{D_3} \left(\frac{\partial Q}{\partial x} - \frac{\partial P}{\partial y} \right) dxdy$$
$$+ \iint_{D_4} \left(\frac{\partial Q}{\partial x} - \frac{\partial P}{\partial y} \right) dxdy$$
$$= \iint_D \left(\frac{\partial Q}{\partial x} - \frac{\partial P}{\partial y} \right) dxdy$$

また、左辺については、もともとの境界以外の線積分のところでは逆向き同士の積分が打ち消し合って消えてしまうので、もとの境界 C での線積分のみが残る。つまり、

$$\int_{C_1}(Pdx+Qdy)+\int_{C_2}(Pdx+Qdy)+\int_{C_3}(Pdx+Qdy)+\int_{C_4}(Pdx+Qdy)$$
$$=\int_{C}(Pdx+Qdy)$$

よって、このときも $\int_{C}(Pdx+Qdy)=\iint_{D}\left(\dfrac{\partial Q}{\partial x}-\dfrac{\partial P}{\partial y}\right)dxdy$ が成立する。

〔例〕 xy 平面における領域を D、その領域 D を囲む閉曲線を C とする。このとき、$\dfrac{1}{2}\int_{C}(xdy-ydx)$ は領域 D の面積を表わす。

なぜならば、グリーンの定理 $\int_{C}(Pdx+Qdy)=\iint_{D}\left(\dfrac{\partial Q}{\partial x}-\dfrac{\partial P}{\partial y}\right)dxdy$ において、$P=-y$、$Q=x$ とみなすと、次の式が成立する。

$$\dfrac{1}{2}\int_{C}(xdy-ydx)=\dfrac{1}{2}\iint_{D}(1+1)dxdy=\iint_{D}dxdy\ =\ \text{領域 } D \text{ の面積}$$

付録8　2重積分

　変数が1つである関数$f(x)$の積分$\int_a^b f(x)dx$は分割を限りなく細かくしたときの左下図の長方形の面積の和の極限値であった。これから想像すると、変数がxとyの2つである2変数関数$z=f(x,y)$は曲面を表わすので、その積分は分割を限りなく細かくしたときの右下図のような直方体の体積の和の極限値と思われる。このことについて調べてみよう。

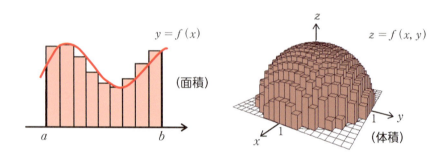

　関数$z=f(x,y)$が領域$D(a\leq x\leq b, c\leq y\leq d)$で定義されているとする。このとき、$x$と$y$の値が決まれば$z$が決まるので、$xyz$座標空間において点$P(x,y,z)$が決まることになる。$x$と$y$を

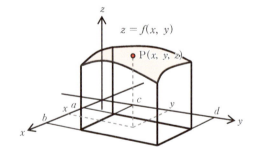

領域Dで変化させると、それに応じて点$P(x,y,z)$が変化し、このような点Pの集合として曲面（網掛け部分）が描かれることになる。ただし、ここでは領域Dにおいて$z=f(x,y)\geq 0$として考えている。

　1変数関数$f(x)$の積分では微小長方形の面積$f(x)\Delta x$の総和の極限を考えたので（§3-8）、2変数関数$f(x,y)$の場合は微小直方体の体積

$f(x, y)\Delta x \Delta y$ の総和の極限を考えることにする。つまり、右図のように、区間 $a \leq x \leq b$ を n 等分した際の1つの小区間の幅を Δx、区間 $c \leq y \leq d$ を m 等分した際の1つの小区間の幅を Δy としてみる。このときにできる nm 個の微小直方体の体積 $f(x_i, y_i)\Delta x \Delta y$ の和の極限、

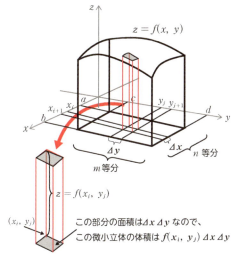

$$\lim_{\substack{n \to \infty \\ m \to \infty}} \sum_{i,j} f(x_i, y_i)\Delta x \Delta y \quad \cdots\cdots ①$$

を考えるのである。①が極限値をもてば、その値を

$$\iint_D f(x, y)dxdy$$

と書くことにし、これを **2重積分** と呼ぶことにする。つまり、2変数関数 $z = f(x, y)$ の領域 D における積分を

$$\iint_D f(x, y)dxdy = \iint_D f(x, y)dydx = \lim_{\substack{n \to \infty \\ m \to \infty}} \sum_{i,j} f(x_i, y_i)\Delta x \Delta y \quad \cdots\cdots ②$$

と定義するのである。

なお、$z = f(x, y) \geq 0$ のとき2重積分②の値をもって関数 $z = f(x, y)$ と領域 $D(a \leq x \leq b, c \leq y \leq d)$ によって挟まれた立体の体積 V と定義する。

（注）2重積分の厳密な定義は等分割ではないが、説明を簡単にするため等分割とした。

●2重積分の計算

2重積分②の値は $z = f(x, y) \geq 0$ のとき、関数 $z = f(x, y)$ と領域 $D(a \leq x \leq b, c \leq y \leq d)$ によって挟まれた立体の体積 V のことであるが、

この V は次の手順で求めることもできる。

つまり、この体積 V は次のように積分を 2 回行なうことで求めることができる。

まず、$\int_c^d f(x, y) dy$ を計算する。これは、x を定数とみなし、変数 y について $f(x, y)$ を積分したもので、右図の色の線で囲まれた図形の面積 $S(x)$ を求めたことになる。つまり、立体の断面積であ

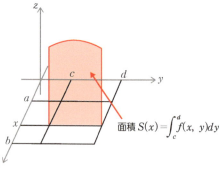

る。次に、この断面積 $S(x)$ を a から b まで積分してみる。すると、これは立体の体積 V を求めたことになる。つまり、

$$V = \int_a^b S(x) dx = \int_a^b \left\{ \int_c^d f(x, y) dy \right\} dx \quad \cdots\cdots ③$$

ここで、③も $z = f(x, y) \geqq 0$ のとき、体積 V の計算をしているので、②③より、次の式が成立することになる。

$$\iint_D f(x, y) dxdy = \iint_D f(x, y) dydx = \int_a^b \left\{ \int_c^d f(x, y) dy \right\} dx \quad \cdots\cdots ④$$

もちろん、x と y の見方を変えて考えれば、②の計算は次の⑤のように計算することもできる。

$$\iint_D f(x, y) dxdy = \iint_D f(x, y) dydx$$
$$= \int_c^d \left\{ \int_a^b f(x, y) dx \right\} dy \quad \cdots\cdots ⑤$$

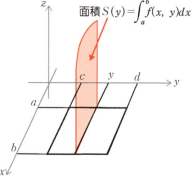

ここで、$\int_a^b f(x, y) dx$ は変数 y を定数とみなし、変数 x について積分したもので、右図の色の線で囲まれ

た図形の面積 $S(y)$、つまり立体の断面積を表わしている。

（注）以上の説明では、領域 D で $z = f(x, y) \geq 0$ と仮定したが、負の場合には②は体積に「－」がついたものと考えればよい。

〔例〕曲面 $z = xy^2$ と xy 平面、平面 $x = 1$、平面 $y = 1$ で囲まれた立体の体積 V を求めてみよう。

$$V = \iint_D xy^2 \, dxdy$$
$$= \int_0^1 \left\{ \int_0^1 xy^2 \, dy \right\} dx$$
$$= \frac{1}{3} \int_0^1 x \, dx = \frac{1}{6}$$

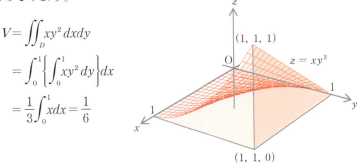

●積分範囲が長方形領域でない場合の2重積分

領域 D が左下図のようであるとき、$\iint_D f(x, y) dxdy$ の計算は次の⑥のようになる。

$$\iint_D f(x, y) dxdy = \int_a^b \left\{ \int_{g(x)}^{h(x)} f(x, y) dy \right\} dx \quad \cdots\cdots ⑥$$

ここで $\int_{g(x)}^{h(x)} f(x, y) dy$ は変数 x を定数とみなして変数 y について積分したもので、右下図の色の線で囲まれた図形の面積 $S(x)$ を表わしている。

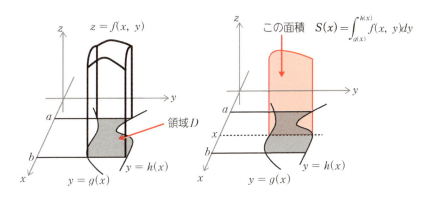

〔例〕 円柱面 $x^2+y^2=a^2$ の xy 平面より上方、平面 $z=y$ の下方にある部分の体積 V を求めてみよう。

$$V=\iint_D z\,dx\,dy=\int_{-a}^{a}\left\{\int_{0}^{\sqrt{a^2-x^2}}y\,dy\right\}dx=\int_{-a}^{a}\frac{a^2-x^2}{2}dx=\frac{2}{3}a^3$$

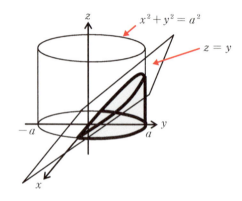

ML 不等式

実関数 $f(x)$ の場合、次の不等式が成立する。

$$\left|\int_a^b f(x)dx\right| \leq ML \quad \text{ただし、} |f(x)| \leq M \text{、} L=|b-a|$$

この性質は複素関数の場合、次のように言い換えられる。

$$\left|\int_C f(z)dz\right| \leq ML \quad \text{ただし、} |f(z)| \leq M \text{、} L=積分路 C の長さ$$

これは ML 不等式と呼ばれ、基本的な定理の証明などによく使われる。

その成立理由を調べてみよう。この不等式を証明するにあたっては次の不等式を利用する。

$$|z_1+z_2+z_3+\cdots+z_n| \leq |z_1|+|z_2|+|z_3|+\cdots+|z_n| \quad \cdots\cdots ①$$

ここで、z_1、z_2、z_3、…、z_n は複素数

(注) ①の成立は数学的帰納法で簡単に証明できる。

ここで、積分の定義式 $\displaystyle\int_C f(z)dz = \lim_{\substack{n \to \infty \\ \Delta z_j \to 0}} \sum_{j=1}^n f(z_j)\Delta z_j$ の $\displaystyle\sum_{j=1}^n f(z_j)\Delta z_j$ に着目すると、①より

$|f(z_1)\Delta z_1+f(z_2)\Delta z_2+f(z_3)\Delta z_3+\cdots+f(z_n)\Delta z_n|$
$\leq |f(z_1)\Delta z_1|+|f(z_2)\Delta z_2|+|f(z_3)\Delta z_3|+\cdots+|f(z_n)\Delta z_n|$ ←①より
$= |f(z_1)||\Delta z_1|+|f(z_2)||\Delta z_2|+|f(z_3)||\Delta z_3|+\cdots+|f(z_n)||\Delta z_n|$
$\leq M|\Delta z_1|+M|\Delta z_2|+M|\Delta z_3|+\cdots+M|\Delta z_n|$ ← $|f(z_i)| \leq M$ より
$= M(|\Delta z_1|+|\Delta z_2|+|\Delta z_3|+\cdots+|\Delta z_n|)$
$\leq ML$ ← 弧の長さは弦の長さ以上

したがって、$\displaystyle\left|\sum_{j=1}^n f(z_j)\Delta z_j\right| \leq ML$

ゆえに、$\left|\lim_{n\to\infty}\sum_{j=1}^{n}f(z_j)\Delta z_j\right| \leqq ML$

よって、$\left|\int_C f(z)dz\right| \leqq ML$ を得る。

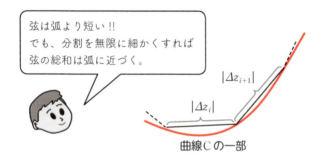

付録10 実関数のテイラーの定理・マクローリンの定理

複素関数のテイラー展開、マクローリン展開に相当するものとして実関数の世界では次の**テイラーの定理**、**マクローリンの定理**がある。

> **＜テイラー（Taylor）の定理＞**
>
> ある区間において関数 $f(x)$ が n 回微分可能とし、この区間において a を定数、x を任意の数とするとき、
>
> $$f(x) = f(a) + \frac{f'(a)}{1!}(x-a) + \frac{f''(a)}{2!}(x-a)^2 + \cdots$$
> $$+ \frac{f^{(n-1)}(a)}{(n-1)!}(x-a)^{n-1} + \frac{f^{(n)}(c)}{n!}(x-a)^n$$
>
> ただし、c は a と x の間の数

例えば $n=2$ の場合の

$$f(x) = f(a) + f'(a)(x-a) + \frac{f''(c)}{2!}(x-a)^2$$

を図示してみよう。

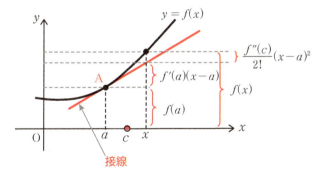

接線

つまり、$f(x)$ を $f(a)$ と $f'(a)(x-a)$ の和で表現するとき、表現しきれない部分（誤差）は a と x の間の数 c を利用して $\frac{f''(c)}{2!}(x-a)^2$ と書け

る、ということである。

この定理の a に 0 を代入したものが次のマクローリンの定理である。

＜マクローリンの定理＞

関数 $f(x)$ が $x=0$ の近くで n 回微分可能とする。このとき、$x=0$ の近くの任意の x について次の式が成立する。

$$f(x) = f(0) + f'(0)x + \frac{f''(0)}{2!} + \cdots + \frac{f^{(n-1)}(0)}{(n-1)!}x^{n-1} + \frac{f^{(n)}(c)}{n!}x^n$$

ただし、c は 0 と x の間の数

テイラーの定理において $\lim_{n\to\infty}\dfrac{f^{(n)}(c)}{n!}(x-a)^n = 0$ ならば、$f(x)$ は $(x-a)$ の累乗の無限級数に展開される。これを**テイラー級数**という。また、マクローリンの定理において $\lim_{n\to\infty}\dfrac{f^{(n)}(c)}{n!}x^n = 0$ ならば $f(x)$ は $(x-a)$ の累乗の無限級数に展開される。これを**マクローリン級数**という。

〔例〕

(1) $e^x = 1 + x + \dfrac{x^2}{2!} + \dfrac{x^3}{3!} + \dfrac{x^4}{4!} + \cdots\cdots + \dfrac{x^n}{n!} + \cdots\cdots$

(2) $\sin x = x - \dfrac{x^3}{3!} + \dfrac{x^5}{5!} - \dfrac{x^7}{7!} + \cdots\cdots$

(3) $\cos x = 1 - \dfrac{x^2}{2!} + \dfrac{x^4}{4!} - \dfrac{x^6}{6!} + \cdots\cdots$

1次分数関数と反転

有理関数 $w = \dfrac{az+b}{cz+d}(ad-bc \neq 0)$ は **1次分数関数** と呼ばれている。この関数は a、b、c、d の値によって、複素平面上の図形（点）を拡大・縮小、平行移動、回転移動、反転移動を表わすことになる。ここで、反転とは次の移動を意味する。

定点 O から引いた半直線上に点 P、Q があって OP・OQ$=k$（k は正の定数）を満たすとする。このとき、点 P に点 Q を対応させることを点 O を中心とする **反転** という。

複素平面上で z が表わす点 P を $w = \dfrac{1}{z}$ が表わす点 R に移すという操作は「原点を中心とする反転 OP・OQ$=1$ によって点 P を点 Q へ移し、さらに、点 Q を実軸に関して対称移動した点 R に移す」ということになる。

先の §2-1 で紹介した $w = \dfrac{1}{z}$ のグラフは、まさに z 平面上の点 P が w 平面上の R に対応していることになる。

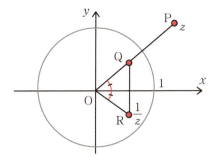

（注） $z = r(\cos\theta + i\sin\theta)$ とすると、点 Q を表わす複素数 z_1 は、
$$z_1 = \frac{1}{r}(\cos\theta + i\sin\theta)$$
となる。ゆえに、点 R を表わす複素数 z_2 は
$$z_2 = \frac{1}{r}\{\cos(-\theta) + i\sin(-\theta)\} = \frac{1}{r(\cos\theta + i\sin\theta)} = \frac{1}{z}$$

付録12 多価関数とリーマン面

　1つのzの値に対して$w=f(z)$が複数の値をとる関数を多価関数といった（§1-10）。この多価関数を一価関数とみなす考え方に主値があったが、ここでは複素平面を複数枚重ねた面を考えることにより多価関数を一価関数とみなす方法を紹介しよう。

　例えば、$w=z^{\frac{1}{2}}$を調べてみよう。この関数は§2-12より
$z=r\{\cos(\theta_0+2n\pi)+i\sin(\theta_0+2n\pi)\}=re^{i(\theta_0+2n\pi)}$に対して

$$w=z^{\frac{1}{2}}=r^{\frac{1}{2}}\left(\cos\left(\frac{1}{2}\theta_0+n\pi\right)+i\sin\left(\frac{1}{2}\theta_0+n\pi\right)\right)$$

となる。ただし、$r=|z|$、$\theta_0=\mathrm{Arg}z$、$0\leqq \mathrm{Arg}z<2\pi$　とする。

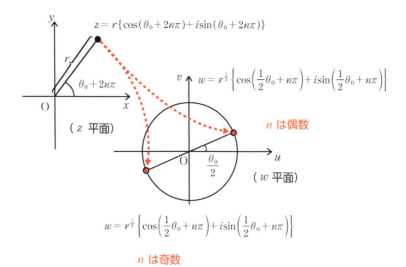

　これは、nが偶数の時と奇数の時とでは同一の複素数zに対してwが異なる2つの値となるので2価関数である。これを一価関数にするために複素平面を2枚重ねたものを考える。そのために、まずは、次の2枚の複

素平面Ⅰと複素平面Ⅱを用意する。ただし、これらの平面は実軸の正の部分に切れ目を入れたもので、切れ目の部分にはそれぞれ下図のように0と2π、2πと4πと記されている。

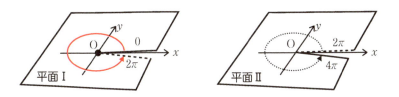

次に、複素平面Ⅰの2πと書かれた破線部分の半直線と複素平面Ⅱの2πと書かれた破線部分の半直線をくっつける。ここまでは実際にできる。

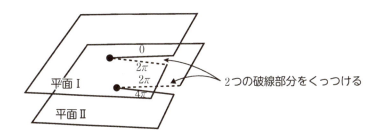

その後、さらに、複素平面Ⅰの0と書かれた実線部分の半直線と複素平面Ⅱの4πと書かれた実線部分の半直線とをくっつける。これは、実際には不可能なので頭の中だけでの操作である。こうしてできあがった2枚1組の面の上をzが原点を中心に平面Ⅰの0と書かれた切り口から回転を始め、1回転して平面Ⅰの2πと書かれた切り口に来たら、次は平面Ⅱの2πと書かれた切り口から平面Ⅱに移り、原点を中心に1回転し4πと書かれたくっつけた切り口に到達したら、今度は平面Ⅰの0と書かれた切り口に移動する。すると、もとに戻ることになる。このように、くっつけた部分を通過するときに面を上下スイッチすることによって、zがこの面を、原点を中心に2周することでもとの位置に戻るのである。この面上では、平

面Ⅰ上のzと平面Ⅱ上のzは異なる複素数なので、$w=z^{\frac{1}{2}}$は一価関数と見なせることになる。

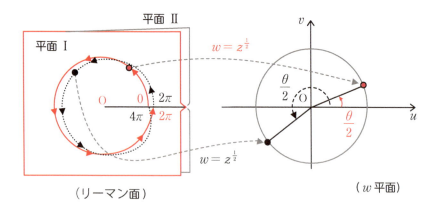

（リーマン面）　　　　　　　　　　　　（w平面）

このように、複素平面を複数重ね合わせて切断箇所をくっつけた仮想の面は**リーマン面**と呼ばれている。この面で複素関数を考えると多価関数を一価関数とみなすことができるようになる。

（注）上記のリーマン面は複素平面ⅠとⅡを交互に移動するので、エッシャーの「滝」のダマシ絵を連想させる。インターネットで「エッシャー」「滝」と入れて検索してみよう。

索 引

数字

1 位の極……………………………… 227
1 次分数関数………………………… 279
2 重積分…………………………174, 270

アルファベット

arg$z$………………………………… 30, 31
e……………………………………… 14, 60
i……………………………………… 14, 25
Im（z）……………………………… 22, 39
Re（z）……………………………… 22, 39
Res…………………………………… 227
$r\theta$ 平面……………………………………31
$W(z, \bar{z})$ 判定法…………… 142, 262, 264
w 平面………………………………………42
z 平面………………………………………42

あ

一価関数………………………………………47
一致の定理…………………………238, 240
オイラーの公式………14, 58, 59, 246
オイラーの等式……………………… 246

か

開曲線………………………………… 171
開区間………………………………… 171
解析接続………………………… 239, 241
解析的延長…………………………… 239
ガウス平面………………………………26

拡張された複素平面……………………49
関数……………………………………………40
逆関数の微分法…………………… 107
逆フーリエ変換…………………………19
逆ラプラス変換…………………………19
級数………………………………………… 204
共役な複素数……………………………28
極座標表示…………………………………30
虚数……………………………………………24
虚数単位……………… 12, 19, 23, 25
虚部……………………………………………22
区間…………………………………… 171
グリーンの定理…………………… 174
グルサの公式………………… 201, 202
広義積分……………………………… 119
合成関数の微分法………………… 105
コーシー・アダマールの公式…… 207
コーシーの積分公式……… 193, 197
コーシーの積分定理……… 173, 177
コーシー・リーマンの方程式
………………………………… 142, 259
孤立特異点………………… 216, 227

さ

差分…………………………………… 104
三角関数………………………………………67
指数関数………………………………………60
実関数…………………………………… 12, 41
実数……………………………………………19

実部	22
写像	40
周回積分	176
収束円	207
収束級数	204
収束半径	207
従属変数	40, 107
主値	48, 78, 92
シュレディンガー方程式	15
純虚数	23
真性特異点	228
数列	204
正則	135, 177, 197, 198, 202, 210, 212
正則関数	135
積分可能	115, 253
積分路	158
零点	63
線積分	156, 158
全微分	256

た

対数関数	76
多価関数	47
多項式関数	52
ダランベールの公式	207
値域	41
置換積分法	121
定義域	41
定積分	116
テイラー級数	212, 278
テイラー展開	212, 215
テイラーの定理	277
導関数	103, 136
特異点	130, 135
独立変数	40, 107
閉じている	27
ド・モアブルの定理	35, 37

な

二元数	23
ネイピアの数	14, 60

は

反転	279
微分可能	101, 129, 130, 135
微分係数	101, 129, 130, 135
微分する	103
微分方程式	16
フーリエ解析	20
虚数単位	22
フーリエ級数	18
フーリエ変換	19
複素解析	12
複素関数	12, 41
複素球面	49
複素数	19, 22, 23, 29, 41
複素数 $a+bi$	23
複素数の極形式	30

複素数平面 …………………… 26
複素対数関数 ………………… 76
複素平面 ……………………… 26
複素ポテンシャル …………… 16
不定積分 ……………………… 189
部分和 ………………………… 204
閉曲線 ………………………… 171
閉区間 ………………………… 171
平面におけるグリーンの定理 …… 265
ベキ関数 …………………… 86, 87
ベキ級数 ……………………… 207
ベクトル解析 ………………… 20
偏角 …………………………… 30
偏角の主値 ………………… 30, 78
偏角の不定性 ………………… 30
偏導関数 ………………… 109, 112
偏微分する …………………… 112

ま

マクローリン級数 …………… 278
マクローリン展開 ……… 214, 215
マクローリンの定理 ………… 277
マンデルブロ集合 …………… 154
無限遠点 ……………………… 49
無限数列 ……………………… 204
無限多価関数 ………………… 48
面積 …………………………… 120

や

有限数列 ……………………… 204
有理関数 ……………………… 52
四元数 ………………………… 23

ら

ラプラス変換 ………………… 19
リーマン球面 ………………… 49
リーマン面 ……………… 48, 282
留数 …………………… 227, 235
留数定理 ……………… 233, 237
領域 …………………………… 172
累乗関数 ……………………… 86
ローラン展開 ………… 221, 225

＜参考文献＞

本書を執筆するにあたり以下の文献を参考にしました。

『キーポイント複素関数』（表 実／岩波書店）

『複素関数（理工系の数学入門コース 5）』（表 実／岩波書店）

『スタンダード工学系の複素解析』（安岡康一・広川二郎／講談社）

『複素関数論の基礎』（山本直樹／裳華房）

『なっとくする複素関数』（小野寺嘉孝／講談社）

『複素数と複素関数』（栗田 稔／現代数学社）

『道具としての複素関数』（涌井貞美／日本実業出版社）

『複素関数』（山口博史／朝倉書店）

『複素函数論』（辻 正次／槙書店）

『複素関数（理工系の基礎数学 5）』（松田 哲／岩波書店）

『複素関数論』（森正武・杉原正顯／岩波書店）

『複素関数入門』（神保道夫／岩波書店）

『複素関数論（講座 数学の考え方 9）』（加藤昌英／朝倉書店）

> 著者紹介

涌井 良幸（わくい・よしゆき）
1950年、東京都生まれ。東京教育大学（現・筑波大学）数学科を卒業後、高等学校の教職に就く。現在はコンピューターを活用した教育法や統計学の研究を行なっている。
【著書】『多変量解析がわかった』『道具としてのベイズ統計』（日本実業出版社）、『統計学図鑑』（技術評論社）、『「数学」の公式・定理・決まりごとがまとめてわかる事典』『高校生からわかるベクトル解析』『高校生からわかるフーリエ解析』『高校生からわかる統計解析』『数学教師が教える やさしい論理学』（ベレ出版）ほか。

高校生からわかる複素解析

2018年 9月25日	初版発行
2025年 7月 6日	第3刷発行
著者	涌井 良幸
カバーデザイン	三枝 未央
本文図版	涌井 良幸／あおく企画
編集協力	編集工房シラクサ（畑中 隆）
図版・DTP	あおく企画
発行者	内田 真介
発行・発売	ベレ出版
	〒162-0832　東京都新宿区岩戸町12 レベッカビル TEL.03-5225-4790　FAX.03-5225-4795 ホームページ　http://www.beret.co.jp/
印刷・製本	株式会社DNP出版プロダクツ

落丁本・乱丁本は小社編集部あてに送りください。送料小社負担にてお取り替えします。
本書の無断複写は著作権法上での例外を除き禁じられています。購入者以外の第三者による本書のいかなる電子複製も一切認められておりません。

©Yoshiyuki Wakui 2018. Printed in Japan
ISBN 978-4-86064-559-5 C0041　　　　　　　　編集担当　坂東一郎

高校生からわかるシリーズ 好評発売中!

高校生からわかる ベクトル解析

涌井 良幸 著

本体価格 2000 円
ISBN978-4-86064-531-1

- 第0章 ベクトル解析を学ぶ前に
- 第1章 まずはベクトルの基本
- 第2章 いろいろな座標と図形のベクトル方程式
- 第3章 ベクトルを「微分・積分する」って?
- 第5章 線積分とは線に沿った積分
- 第6章 面積分とは曲面に沿った積分
- 第7章 勾配 grad、発散 div、回転 rot
- 第8章 「場の積分」を理解する
- 第9章 曲線の曲がり具合と捻れ具合

高校生からわかる フーリエ解析

涌井 良幸 著

本体価格 2000 円
ISBN978-4-86064-584-7

- プロローグ フーリエ解析を学ぶ前に
- 第1章 まずは波の造形を体感しよう
- 第2章 フーリエ解析で使う微分・積分の基本知識
- 第3章 フーリエ解析で使う三角関数の基本知識
- 第4章 フーリエ解析で使うベクトルの基本知識
- 第5章 フーリエ級数ってなんだろう
- 第6章 フーリエ変換ってなんだろう
- 第7章 ラプラス変換ってなんだろう
- 第8章 離散データによるフーリエ解析
- 第9章 フーリエ変換やラプラス変換を応用してみよう